未詰
ADR | 思想家

神话中的弗洛伊德

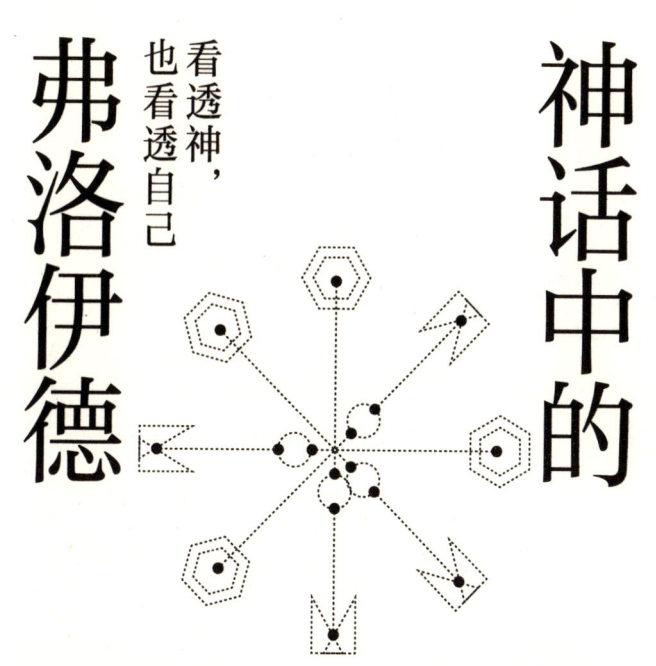

看透神，也看透自己

La psychanalyse expliquée par la mythologie

Freud chez les Grecs !

Pierre Varrod

［法］皮埃尔·瓦罗 著
西希 译

北京联合出版公司

神话中的弗洛伊德

[法]皮埃尔·瓦罗 著
西希 译

图书在版编目(CIP)数据

神话中的弗洛伊德 / (法)皮埃尔·瓦罗著；西希译. -- 北京：北京联合出版公司, 2022.11
ISBN 978-7-5596-6475-4

Ⅰ.①神… Ⅱ.①皮…②西… Ⅲ.①精神分析－通俗读物 Ⅳ.① B84-065

中国版本图书馆 CIP 数据核字 (2022) 第 183945 号

FREUD CHEZ LES GRECS ! LA PSYCHANALYSE EXPLIQUÉE PAR LA MYTHOLOGIE

by Pierre Varrod

Copyright © Éditions de l'Opportun 2020
Published by special arrangement with Les Éditions de l'Opportun in conjunction with their duly appointed agent 2 Seas Literary Agency and co-agent The Artemis Agency

Simplified Chinese copyright © 2022 by United Sky (Beijing) New Media Co., Ltd.
All rights reserved.

北京市版权局著作权合同登记号 图字：01-2022-5538 号

出品人	赵红仕
选题策划	联合天际·社科人文工作室
责任编辑	夏应鹏
特约编辑	宁书玉
美术编辑	梁全新
封面设计	吾然设计工作室

出　　版	北京联合出版公司 北京市西城区德外大街 83 号楼 9 层 100088
发　　行	未读(天津)文化传媒有限公司
印　　刷	三河市冀华印务有限公司
经　　销	新华书店
字　　数	145 千字
开　　本	880 毫米 × 1230 毫米 1/32 6.5 印张
版　　次	2022 年 11 月第 1 版 2022 年 11 月第 1 次印刷
ISBN	978-7-5596-6475-4
定　　价	49.80 元

本书若有质量问题，请与本公司图书销售中心联系调换
电话：(010) 52435752

未经许可，不得以任何方式
复制或抄袭本书部分或全部内容
版权所有，侵权必究

如果说我走路比别人更直,那是因为我两只脚都跛了。
——古斯塔夫·纳多(Gustave Nadaud)

目录

前言 / III

绪言 / V

第一章
天空压覆大地：对性的痴迷 /001

第二章
与阿佛洛狄忒对立的雅典娜：头脑为何与性对立？ /011

第三章
帕里斯选出了最美丽的女神：如何在金钱、权力和美貌间做出选择？ /017

第四章
阿佛洛狄忒钟爱夜晚：无意识的力量 /031

第五章
厄洛斯和他的孪生兄弟：如何区分欲望和需求？ /041

第六章
奥德修斯和塞壬之歌：如何贯彻快乐原则？ /049

第七章
阿尔克墨涅与宙斯的爱欲长夜：梦如何满足欲望？ /061

第八章
西西弗斯的巨石：为何放弃童年之梦以后才能成年？ /069

第九章
在父亲面前坠落的伊卡洛斯：为何家族会影响儿童的未来？ /081

第十章
俄狄浦斯弑父：为何儿子要想活，父亲就必须死？ /091

第十一章
俄狄浦斯解开斯芬克斯的谜题：为何拯救者会成为罪人？ /101

第十二章
失明的俄狄浦斯：作为内在法则的超我 /109

第十三章
忒修斯的黑帆：过多的爱为何致命？ /117

第十四章
盗火的普罗米修斯：自我如何通过经验进步？ /127

第十五章
奥德修斯智斗食人独眼巨人：言语的力量如何拯救我们？ /139

第十六章
安提戈涅的反叛：为何说情感与法律互不相容却也并肩同行？ /145

第十七章
那喀索斯之死：为何爱人需要爱己？ /153

第十八章
坠入爱河的皮格马利翁：为何升华会被本我破坏？ /167

第十九章
眼盲的忒瑞西阿斯能看得更远：为何暴力并非男性特质？ /175

第二十章
卡珊德拉和阿波罗：为何压抑的方式不能是沉默？ /181

结论："这本书究竟有何用处？" /185

致谢 /189

资料来源 /191

前言

"俄狄浦斯就是我啊!"弗洛伊德或许会如此感叹。作为一个 30 多岁的年轻人,弗洛伊德在致朋友的信中提及了自己与这位希腊英雄之间的密切关联:"过去我以为,我这种爱上母亲并因她嫉妒父亲的情况只是个例,而现在我认为,这在人的幼年时期是一种普遍现象。"[1]

弗洛伊德设想,可以将精神分析学和希腊神话结合起来。

每个行人都知道,就算是同一条路上,去程和返程所见的景色也不尽相同。本书中,我们将逆向而行,看希腊神话如何帮助我们理解精神分析学中的关键概念。

---

[1] 引自《1897 年 10 月 15 日弗洛伊德致弗利斯书》(Lettre de Freud à Fliess du 15 octobre 1897)。若无特别注明,脚注中引用著作作者均为弗洛伊德。——原注

绪言

要了解自己,最好的方式就是尝试了解他人。

——安德烈·纪德(André Gide)

放荡不羁的生活

希腊诸神永生不死,可他们总是匆匆忙忙。他们受欲望的驱使,整天奔跑甚至飞翔。

在奥林匹斯山上过日子用不着精打细算,也不用操心钱从哪儿来,众神只顾燃烧生命,纵然他们永远不会油尽灯枯。

欲望只有一个目的:即时享乐。一切行为都是合理的,无论是引诱、诡计、嫉妒还是复仇。

无人知晓的秘密

希腊诸神不是圣人,他们像我们一样相爱相争、彼此渴望、相互欺骗。他们的世界并非天堂,其实同我们生活的尘世别无二致。

总之,希腊众神的世界和凡人的世界共享着同一个秘密,一个被保守得很好的秘密:我们不是理性的生灵,我们是欲望的存在。让我们生、让我们死的都是欲望,这远非理性所能及。

表象之下是什么?

用精神分析学解释神话和梦境能帮助我们触及人性深处的真相。我们在表象之下探寻的,是"接近我们假定的真实状态的东西"[1]。

---

1 引自《精神分析纲要》。

阅读这些故事的时候，我们会感受到快乐，这些故事也在精神分析的作用下变得生动，与我们交谈，向我们讲述一切，尤其是关于我们自己的事情。奇怪的是，精神分析学没有折损半分神话中仍保存完好的魔力，反而使神话散发出香气，让它更容易在人们的记忆中留存。

接下来的 20 个故事展示了神话和梦境的相似之处。梦境无限地使用着象征性语言，神话亦然；梦境无视逻辑思维的规则，神话亦然。梦境有表层场景，也有潜在内涵，后者需要精神分析给出阐释才能显现出来。这同样适用于神话：神话中既有叙述故事的文本，也有经过精神分析后才能浮现出的深层信息。

古怪离奇的梦意味着什么？

精神分析致力于倾听梦境以及癫狂且毫无理性的行为，它为晦涩的话语赋予了意义。

我们可以简单地说"男人来自火星，女人来自金星"。我们会看到爱如何催生战争，也会看到战争如何孕育出爱……可事情并不像我们想让自己相信的那般简单。

总而言之，神话完美契合于精神分析学，精神分析学也完全适用于神话故事。

为了更好地审视自己，需要两面镜子

弗洛伊德曾说："不经历曲折，怎么能进入无意识状态呢？"

本书就是围绕无意识用镜面布置的三角阵。通过第一面镜子，即神话之镜，我们能看到毫无圣人模样的众神；通过第二面镜子，也就是精神分析学之镜，善恶之行的缘由在我们眼前变得清晰。有两只眼睛我们才能看清世界，而有两面镜子我们才能看清自己。

弗洛伊德（1856—1939）

西格蒙德·弗洛伊德出生在一个重组家庭，兄弟姐妹众多。他是父亲第三场婚姻的结晶。他父亲17岁时娶萨莉为妻，育有两子。萨莉去世之后，又同瑞贝卡结婚，后因瑞贝卡无法生育而休妻。他父亲40岁时，又娶了19岁的阿玛丽亚，后者于1856年生下西格蒙德·弗洛伊德，接着又生下另外六个孩子。她几乎每两年就会生育一次。

做羊毛生意的父亲破产之后，受反犹主义和经济困难所迫，弗洛伊德全家搬到了维也纳（的犹太人区）。弗洛伊德成绩优异，父母也对他宠爱有加，单独给了他一间卧室，而其他家庭成员都挤在小公寓的另外两间卧室里。弗洛伊德16岁就通过了中学毕业考试，他当时已经能将索福克勒斯的一部戏剧译成德语。服兵役期间，他翻译了英国自由主义、女权主义经济学家约翰·斯图亚特·穆勒的一部作品。24岁时，弗洛伊德成为医学博士，并于次年结婚。

天赋过人、渴望成名的弗洛伊德选择了自己的领域，他从研究鳝鱼的性行为入手，但生物方面的研究并没有为他开辟出更广阔的世界。35岁时，他找到了自己的道路。他拓展了当时有关人类呼吸、消化功能相关肌肉的无意识运动假说，以研究神经元的"无意识运动"。

通过发展精神分析学，弗洛伊德成功让自己比肩两位科学史上最伟大的革命性人物：在银河系中找出（渺小）地球的哥白尼，还有在动物史中找到（渺小）人类的达尔文，而弗洛伊德发现了意识在人类行为中占据的小小位置。

他关注性，坚持婴儿时期（其性行为不是出于本能，而是受到驱动）是人类性发展的关键初始期，这使他在对现代个体的认识领域占有举足轻重的地位。

受反犹主义影响，童年时代的弗洛伊德不得不随家人迁往维也纳；到1938年，受纳粹主义影响，82岁高龄的弗洛伊德又不得不与家人一起离开维也纳，前往伦敦（5年后，他四个妹妹中的三个死在毒气室里，另一个死于集中营）。

第一章
天空压覆大地：
对性的痴迷

云霄里的王者，诗人也跟你相同，你出没于暴风雨中，嘲笑弓手；一被放逐到地上，陷于嘲骂声中，巨人似的翅膀反倒妨碍行走。[1]

——夏尔·波德莱尔（Charles Baudelaire）

---

[1] 引自《恶之花》，钱春绮译，人民文学出版社，2011年。本段节选自《信天翁》。——译者注。若无特殊标注，本书脚注均为原注。

希腊众神拥有不死之身吗？他们会永远活下去吗？如果永恒意味着过去和未来这两端的无限延续，那么希腊众神就不是永恒存在的。古希腊伟大的诗歌叙述了诸神的起源，甚至厘清了主要神祇的谱系，所以从这个角度来看，他们并非永恒存在。

从混沌到秩序

最初只有卡俄斯（Chaos）。黑暗的世界长期被一团混沌的元素支配，这些元素之后会彼此分离，一个清晰可辨的有序世界由此诞生。彼时，卡俄斯刚刚诞下黑暗神厄瑞玻斯和黑夜女神倪克斯，但三者搅混在一起，毫无秩序可言。在这个世界里，任何事物都无从辨识。后来，随着三者分离，大地之神和天空之神出现了。

《圣经》也有着类似的开篇。《创世记》中描绘了一个混沌、黑暗、无名的世界。它在诸史和时序之先，无形无质，尚未形成能算得上"地理环境"的空间结构。

但相似之处仅止于此，二者的走向很快大相径庭，因为古希腊神话中并没有哪位至高无上的神引导着世界朝更加清晰、分明的方向演化。世界是按自己的步调前行的，不需要求助于伟大的造物主。

天空压覆大地

天空"压覆"大地，这里的"压覆"一词应该从性含义角度理解。

简而言之，天空之神（乌拉诺斯）压覆大地之神（盖亚）。除"此"之外，他什么也不做。这是一种强迫行为，他不想从中抽离。他被某种原始的欲望束缚住了，那是一种普遍、盲目且持久的冲动。[1]

○ 爱情还是性欲？

这是万物诞生之前最原始的爱欲场景，希腊人对此毫不避讳，而弗洛伊德会用现代语言将之重述。"在某类情况下，爱情不过是为了直接获得性满足而对某一对象产生的力比多迷恋，一旦性欲被满足，迷恋就会消失，这就是一般的、肉欲的爱情。"[2] 弗洛伊德写下这些文字时正逢 1921 年，一名郁郁不得志、被维也纳美术学院拒绝了的艺术家会在人群中发表演说。他日渐受到人们欢迎，不久后问世的《我的奋斗》一书会证明这一点——想必你已知晓，他正是希特勒，一个危险的疯子（后来弗洛伊德因他被迫离开了奥地利）。

让我们回到这句触犯众怒的话上来，精神分析学创始人用这句话来描绘这个消解了爱情神秘性的场景。在弗洛伊德看来，爱情不过是性快感的一种容易被人接受的伪装，我们热衷于一次次使之获得满足："刚被满足的需求很快又会被唤起，这是确确实实的，因而成了我们对性对象持续迷恋的主要原因。而我们感受不到性需求的间歇则被'爱情'填补，这也是爱情持续的主要原因。"这正是希腊人听闻关于天空之神与大地之神的神话时能体悟到的。希腊人觉得被冒犯了吗？或许对维也纳人来说，反倒的确如此。

---

[1] 引自《个体、死亡、爱》（*L'Individu, la Mort, l'Amour*），让-皮埃尔·韦尔南（Jean-Pierre Vernant）著。
[2] 引自《群体心理学与自我分析》。

弗洛伊德带来的冲击远不止这样。

你听说过在爱情和欲望上将男人和女人区分开的言论吗？——男人爱着他们欲望的女人，而女人欲望着她们爱的男人。弗洛伊德则更进一步，认为两者在欲望上是相似的。他看到了一种比乌拉诺斯对盖亚的爱更高级的爱的形式，而且几乎没有什么比它更崇高。

将所爱之人理想化，可能会让我们以为一个人之所以被爱是因为他具有某些精神品质，但这是一种错觉。相反，更常见的情况是，这个人给我们带来的肉体快感让我们赋予了他这些精神品质。[1]

我们不确定他们是否快乐，但他们的确生了许多孩子。

大地之神盖亚一而再，再而三地怀孕，双胞胎、三胞胎、六胞胎……但她根本没有分娩的机会，孩子们无法离开她的子宫，因为天空之神乌拉诺斯一直在她身上。

○ **快感和需要**

天空之神和大地之神在众多文明中都是初始之神的代表。他们被希腊人尊称为神话中的第一对父母，他们唯一需要做的就是生育。他们之中，"父"要比一般意义上的父亲或伴侣更加阳刚、更具雄性色彩。他为了从性行为中获得快感而一直忙于生育。

20世纪初的中欧社会秉持资产阶级那一套非常保守的性观念，诸多禁忌，鲜少自由。在这种背景下，精神分析学无异于一记惊雷：它将性的概念拓展到生育之外的范畴。弗洛伊德深知，他将站在自

---

[1] 引自《精神分析测试》。

己口中"严守戒规之人"和"伪君子"[1]的对立面。当时,精神分析学最接近希腊人的观念,即将性快感和生育需求明确地区分开。

所以说,早在弗洛伊德之前,希腊人就提出"不该完全忽视人类本性中的动物性"[2]。弗洛伊德写作之时仍处于19世纪末,性禁忌在欧洲非常强烈。性快感无论如何都不该居于首位,那些敢于为之冒险的人可能会受到法律的审判,比如创作了《包法利夫人》的福楼拜和创作了《恶之花》的波德莱尔。

○ 缓解紧张的快乐

满足冲动意味着平息它、(在快乐中)消解它,让它消失,或用更低水平的冲动替代它。人的心理机制趋向于把"累积的冲动维持在尽可能低的水平"[3]。这种能降低冲动水平以获得放松的倾向,即对感官的安抚,就是快乐的原则:冲动越强,就越能在释放的时候感到快乐。性快感是快乐的原型。"经验告诉我们,我们能体会到的最强烈的快乐,即性行为带来的快乐,出现在最强烈的冲动消失的瞬间。"[4]

乌拉诺斯和盖亚这对夫妇的孩子们呢?他们是泰坦神、独眼巨人或百臂巨人,体形比(当时尚未被创造出来的)人类庞大得多。他们全都被困在母亲腹中。最后,泰坦神还是从母亲的身体里出来了。

---

1 引自《精神分析测试》。
2 引自《精神分析五讲》。
3 引自《超越快乐原则》。
4 引自《精神分析测试》。

精疲力竭的大地之神痛苦不堪，她试图反抗天空之神，试图将自己解放出来。

"天空之神对自己的暴行很是得意，广阔的大地却自深处悲号、啜泣、哀鸣。"赫西俄德说道。

○ 儿童的性，而非生殖的性

天空之神的性行为既有原始的一面，也有成人的一面。

说它原始，是因为性快感似乎以生殖活动为中心，其他任何唤起快感的形式都被排除，仿佛性爱和快感被简化成了身体的这些相关部位。而说它成人，是因为这种行为是儿童无法实践的。弗洛伊德让人们再也无法忽视这样一个观点：性生活并非始于青春期，而是在我们出生后不久就开始了。儿童的某些身体活动显然与性快感有关，这种趋势在5岁时达到顶峰，随后会逐渐消退，并止歇若干年，这个潜伏期将一直持续至青春期。[1]到那时，性活动重新出现，且大体上以生殖器官为主导。

大地女神想出了一个能让自己摆脱天空之神控制的可怕计划。她创造了钢铁，造出一把镰刀，然后要求她的泰坦神孩子们去惩罚他们的父亲。

好在他们中有一个答应了，他就是伟大的克洛诺斯，他强壮结实、勇敢善谋。

---

1 引自《精神分析纲要》。

天空父亲与大地母亲交媾之时，潜伏在母亲腹中的儿子用左手一把抓住父亲的生殖器（"左"因此有了"不祥"的色彩），右手握着镰刀，割了下去。

○ 驱动力

这个神话中出现了两种相互对抗的基本驱动力。

一方面，天空之神乌拉诺斯受到相当狂暴的性冲动驱使；另一方面，如果他不是神，应该会因被儿子割下生殖器死亡。在这里，毁灭的驱动力阻遏了父亲的行为。

但首先，驱动力究竟是什么？让我们总结一下它的定义：驱动力是一种力量，一种来自身体内部的持续力量，源于多种器官，但它位于精神和身体的交界处。当器官处于紧张状态时，驱动力就产生了。这种躯体上的现象会通过心理活动表露出来，正如我们知道的那样，是以间接的方式。我们认识到，在精神亢奋的状态下，用逃避来克服驱动力是不可能的。因此，驱动力是一种以满足为目的的力量，可以通过压抑紧张获得。[1]

弗洛伊德一生都在试图确定作用于我们的重要驱动力有多少种，同时他也认为，对驱动力进行分类并不那么重要。最终，他只保留了两种。

一种是以保护、留存为目的的"厄洛斯"，这是一种结合的力量；另一种则以破坏和逃脱束缚为目的，它就是死亡驱动力，即"塔纳

---

[1] 引自《冲动及其命运》，载于《元心理学》。

托斯"。

我们的生命就在厄洛斯和塔纳托斯的相互吸引和相互排斥之间流逝。[1]

○ 施虐狂

伤害父亲让克洛诺斯感受到了快乐吗？弗洛伊德和希腊人都没有说明。折断、打碎、拆解：自童年开始，性行为就包含施虐的元素。为了更清楚地看到这一点，我们需要比较发生在不同年龄段的性行为。

成年之前，性行为不包括性交，但它是能得到纯粹、真实的快乐的机会。首先是口唇的快乐：婴儿饿了就会吮吸，他们很快就能在吮吸中获得快感，即便得不到乳汁作为回报。这一阶段以口欲为首，会在我们的整个人生中留下痕迹。这种形式的快乐不会被忘却，但孩子的身体在不断成长，这也会让他们发现新的快感。幼儿学会如何控制排泄功能、控制括约肌之后，他们就能获得三种快乐：掌握保持的快乐、激发释放的快乐以及奉献的快乐，也就是取悦父母的快乐。幼儿学会排泄后，他们就会快乐地绕着便盆转。这种快乐是矛盾的，因为排泄的奉献也意味着自我的分裂和身体的破碎。肛欲期是探索特殊快乐的阶段，会激活新的敏感带，体验破碎的快感。这一阶段对我们日后人生的影响与口欲期一样深刻。施虐狂是爱欲冲动（"力比多冲动"，也是结合的力量）和毁灭冲动结合的产物。无论克洛诺斯在几岁时割掉了父亲的生殖器，都不可能对毁灭的快

---

[1] 引自《精神分析纲要》。

感无动于衷。

克洛诺斯将乌拉诺斯的生殖器抛向身后,乌拉诺斯那美丽而魅惑的女儿阿佛洛狄忒便诞生了。她的名字有"泡沫"的含义。在15世纪末的佛罗伦萨画家波提切利的作品《维纳斯的诞生》中,维纳斯立在扁舟般的贝壳上,卷起波浪的蓝绿色海水环绕着她。浪花的波峰由白色图案展现,那就是白色的泡沫。

○ 需求和欲望

人类和动物一样具有自我保护的本能。我们的生存归功于驱动着我们不被饿死、不断逃离危险的力量。这种自我驱动只是生命的一部分,是我们的存在中最原始的一面。对于定义人类而言,这是必要但仍不充分的一部分。

幸福不是对需求的满足,物质上的幸福不算真正的幸福。快乐也很重要,但它是建立在物质幸福之上的。在生命之初,必须喂饱自己。人类的活动使这种个人的,甚至自私的动物性需求转化成快乐的源泉:它成了一种游戏、一项艺术,成了馈赠和给予,被滋养、被分享。繁衍是一种动物本能。性行为可以成为快乐之源、联结之源、幸福之源。

作为一种联结的力量,性驱动力(或称"力比多",意为"欲望")属于保护、留存的驱动力,与代表分裂力量的死亡驱动力不同。这两种力量在我们每一个人身上共存,没有人例外,也没有任何一个人只拥有其中一种。

第二章

与阿佛洛狄忒对立的雅典娜：头脑为何与性对立？

教育自一个人出生时便开始了。在学会说话、懂得倾听之前，他就已经接受了教育……婴儿最初的感受是完全感性的，他们能感知的只有快乐和痛苦。

——让-雅克·卢梭，《爱弥儿》(*Émile*)

> 与其他神灵相比，出生时的情形对雅典娜和阿佛洛狄忒两位女神的影响尤为突出。对人而言，童年时期的影响也会贯穿整个成年生活。亚里士多德说过："出生是童年的关键时刻：开端占人生的一半。"

有孕母，就有孕父

在怀孕和分娩方面，希腊众神的情况与我们大同小异：无论是男神还是女神，通常都诞生自男性象征和女性象征的结合。然而，有两位著名的女神情况例外，她们并非出生自母亲的身体，而是父亲的身体。这是雅典娜和阿佛洛狄忒仅有的共同之处，在其他方面，她们完全对立，而且不止一次地成为对手。

你已经知道阿佛洛狄忒是如何诞生的了。她诞生自乌拉诺斯（大地女神盖亚的配偶、天空之神）的泡沫，源自儿子阉割父亲的场景。克洛诺斯这么做是为了他的母亲，她备受他父亲折磨。母亲期望的复仇通过儿子实现了，这构成了一个逆向的俄狄浦斯式故事。

在俄狄浦斯那边，是父亲感受到儿子的威胁，力图将其消灭，尽管没能成功；而在克洛诺斯这边，则是儿子想方设法消灭自己的父亲。乌拉诺斯的女儿阿佛洛狄忒便是这场复仇的果实，她被且只被性定义，完全投身于肉欲和感官之爱，成为爱欲的永恒象征。雅典娜的情况则完全相反，她的诞生与性活动无关，她是从父亲的脑袋里出生的。这又是怎么一回事呢？

这就需要看看下一代的神了。与父亲对抗的克洛诺斯也遭到自己子女的反抗。父子相争的情节贯穿始终，也轮到了宙斯头上。他不得不与父亲克洛诺斯斗争，因为克洛诺斯担心自己日后会被子女推翻，所以会在自己的孩子刚出生时就将他们吞下肚子，只有宙斯幸免。宙斯得到了女神墨提斯的帮助。墨提斯为克洛诺斯准备了催吐药水，让这位父亲吐出了他所有的孩子（而且他们都还活着）。

熟悉的剧情在宙斯这代神之间重演。得知自己的第一任妻子所生的男孩将置自己于死地之后，宙斯决定不等这个儿子出世就把他杀掉。一天，宙斯发现妻子墨提斯有了身孕。这里插播一下，墨提斯也是宙斯的表姐妹，就是之前帮过他的那个，当时神的数量太少，他们也没的选。宙斯先后有过七位妻子，墨提斯是第一位，而家喻户晓的赫拉是最后坐稳这个位置的女神。尽管当时没有能够提前确认胎儿性别的 B 超技术，但诸神可以预言，准确度和 B 超差不了多少。这会是一个女孩。故事到这儿就结束了吗？别高兴得太早。墨提斯告诉丈夫，她还将生育一个男孩，而他日后会主宰天空。

阳刚的雅典娜

于是，宙斯想方设法杀掉这第一个孩子，哪怕她是一个女孩。因为倘若第一个孩子无法出生，第二个男孩也就不会降临于世了。当然，宙斯认为最好的办法是在杀掉女儿的同时将母亲一并消灭，以绝后患，这样就不会再有第二个孩子的威胁。但有一个心思缜密如墨提斯（这个名字意为"谨慎的、警觉的"）的妻子，这对宙斯而言并非易事，他需要耍些花招才行。分娩的日子一天天临近，为了让妻子放松警惕，宙斯发起了一场变形比赛：谁能别出心裁，让自己变成更小的东西，谁就能获胜。墨提斯也参加了比赛。她把自己变成一滴水，宙斯顺势将她吞下。然而，墨提斯并未屈服，她让宙斯头痛得不堪忍受。宙斯想缓解疼痛，只好命令赫菲斯托斯朝着自己的脑袋猛敲。猛烈的敲击使宙斯头颅裂开，伴着一声大喝，雅典娜从中跃出。她出生时就已经是一名全副武装的成年人了，她身穿盔甲，手持标枪。

○ 开端的重要性

我们的当下为过去所浸染。童年时期的我们都是孩子，无论男孩还是女孩，孩子都在成年人之先。从心理学的角度而言，孩子是成年男女的家长。我们在孩提时期经历的事件将对之后的人生产生"重大而深远的影响"[1]。

我们的个人生活深受我们童年时期的经历影响，无论是在感受到的情感方面还是在受到的冲击方面。

在治疗过程中，精神分析学家会利用话语帮助患者寻找被埋藏的记忆。"谈话疗法"（Talking cure）一词是精神分析学的先驱们为描述这种新型实践方式而创造的术语，彰显了语言的解放性力量：只要患者说出糟糕的事情，就有助于改善他们的状态。为此探索多年的弗洛伊德震惊于这一发现。

精神分析学家致力于解构"屏蔽记忆"，帮助我们最大限度地

---

[1] 引自《精神分析纲要》。

接近指引我们的"主体真实"。不同于"历史真实",主体真实因其无意识性,对我们的指引更加坚定。

阿佛洛狄忒和雅典娜的诞生故事表明了诞生时刻和童年的重要性。20世纪20年代著名的精神分析学家、与弗洛伊德关系密切的奥托·兰克(Otto Rank)甚至将分娩看作一种创伤。他认为,如果想理解自己日后的命运,就必须分析清楚这场重大的磨难。他特别强调了出生的重要性,因为这是与母亲的第一次分离,是关键阶段。

站在阿佛洛狄忒对立面的雅典娜

阿佛洛狄忒和雅典娜这两位女神自出生后就走上了截然相反的道路。

雅典娜是头脑的化身,她被头脑而非身体定义。她生来就衣着整齐,披甲戴盔,手持武器。她是强大的、受到保护的。"强大的头脑"从父亲的头颅中逃脱。看到她裸体的人,必将付出惨痛代价(见本书第十九章忒瑞西阿斯的故事)。

而阿佛洛狄忒诞生自父亲被割下的生殖器。她渴望自己的裸体被观看,如果她非常喜欢这个窥视者,甚至会让他成为自己的情人。她的全部装备就只有一条神奇腰带,里面装满了引诱他人的工具。为了获得爱情,她没有盾牌、利刃或头盔,只有魅惑的微笑和外表。

雅典娜永葆处子之身,而阿佛洛狄忒则不断进行浪漫冒险。为了诱惑帕里斯,她们一个使出了学识、智慧、节制和正义带来的快乐,另一个则选择了爱欲、美貌和感官产生的快感。

○ **我心深处**

不同的心理元素占据优势会形成不同类型的人格。作为原型的两位女神代表两种截然相反的鲜明形象，仿佛神话自己竭力想变得更具教育意义似的。横亘在雅典娜和阿佛洛狄忒之间的是头脑和心灵的对立。面对诸如特洛伊战争之类的各种事件时，她们会如何反应？对了解她们的人而言，其实没什么值得大惊小怪的，因为根据她们各自的特征，就能预测她们的行为。

在精神分析领域，我们可以将这种对立重新表述为本我与超我之间的对立。若仔细探究便会发现，尽管这两者相互对立，但彼此间仍有诸多相似之处。

同样，在雅典娜和阿佛洛狄忒之间，除了过于明确的对立之外，我们有时还会看到一种连贯性，会在女性的不同年龄段显现出来。她们反映的其实不是对立，而是成长。

雅典娜：充满活力的少女，很少愿意向他人妥协，包括周围的男性。

阿佛洛狄忒：身体完全发育成熟的女性，更温和，更愿意与人建立平和的关系。

她们两个之后的阶段就是赫拉：更加成熟、更有城府、更善妒，也更能挑战社会传统。

第三章
帕里斯选出了最美丽的女神：如何在金钱、权力和美貌间做出选择？

吃得越多，就越不饥饿；喝得越多，就越不口渴，除非发生了什么令人悲叹的意外；帽子和鞋子越多，就越不需要新的。

——里昂·瓦尔拉斯（Léon Walras）

> 缓解饥饿可以靠进食的数量和频次,那消解欲望该靠什么呢?尤其是对各种各样的欲望而言呢?
> 我们将看到战争与爱从未彼此远离,而欲望在其中扮演了重要角色。我们还将看到"力比多"(相当于"性冲动")会滋养出爱欲之外的其他欲望。迫于文化的压力,性能量染上了其他色彩,生出了其他面貌。与人们认为能从精神分析学中总结出的结论正相反,人类不仅是性欲的生物。

谁是最美丽的女神?

女性之美是贯穿了几个世纪的主题。"魔镜魔镜告诉我,谁是世界上最美丽的女人?"这是白雪公主的继母最关心的问题。

选美传统由来已久,远早于"世界小姐"选举比赛。其实,3000年之前的神话故事就讲述了"奥林匹斯小姐"头衔的归属问题。神话中提到,居住在奥林匹斯山的三位候选神为此吵得不可开交,最终的结果还导致了可怕的灾难。

谁才是最美丽的女神?这个问题看似没什么影响,却引发了特洛伊战争。

整个世界被"哪位女神最美"的争论荼毒了10年之久:为了有个结论,女神们不得不举行了一场投票,而荷马史诗《伊利亚特》(描写特洛伊战争的史诗)正是这场投票的直接产物。

唯一的投票人:帕里斯。

唯一的答案:爱神。

唯一的后果:战争。

历史上的首次（非代表性）投票引发了一场大屠杀。

10年里，众神分成两大阵营，彼此针锋相对。一派为特洛伊人提供帮助，另一派则支持希腊人。有多少人参战，就有多少人身亡。战争结束时，特洛伊城也被从地图上抹去了。

要不是希腊人中最足智多谋的奥德修斯用史无前例的奇招为夺取最后的胜利创造了机会，这场战争可能还会持续很长时间。

特洛伊城的陷落实际上是通过一个大胆的计策实现的，它以"特洛伊木马"之名流传千古。凭高耸的城墙成功御敌10年的特洛伊城，就这样被这个天才的想法击溃。

这个计划具体是什么呢？一天晚上，希腊人回到船上，他们看似要驶离特洛伊，其实是假装因厌倦战争而撤退。他们在海滩上留下了一匹巨大的木马。为获得胜利和自由而喜悦的特洛伊人大肆庆祝。他们看到了木马，便想运回城中，甚至为此打破了城门的门楣。第二天夜里，因欢庆战争结束而纵情畅饮一番的特洛伊城仍在酣睡，很快就成了藏身木马之中的希腊士兵的囊中之物。士兵们打开城门，将趁着夜色返回的同胞放入城中。

○ **虫子藏在果实之中**

城池即将被毁，侵犯沉睡中的城市与亲吻睡美人可不一样。无论是隐秘的侵略（偷偷摸摸地入侵）还是毫不遮掩的攻打，都会导致死亡，这与用爱情之吻而让生命苏醒截然相反。所有的侵犯都有害，无论是对生命的侵犯还是对事物的侵犯。希腊英雄们不曾想过，数千年之后，他们的计谋会被用来给一种能够伪装成普通信息、骗过防火墙、入侵计算机硬盘的病毒命名。特洛伊木马成了虚拟事物。

特洛伊城毁于大火，消失于惊恐之中。特洛伊城的末世惨景早就被卡珊德拉预言过无数次。疯疯癫癫的卡珊德拉是个美人，也是特洛伊国王的第十三个女儿，而数字"13"表示不祥之兆。卡珊德拉预言了将会发生的一切，但没有人相信她的话。为什么呢？因为阿波罗原本赋予了她预言的能力，后来又想成为她的情人，却被她拒绝。于是，阿波罗离开了卡珊德拉，还想收回她预知未来的能力，但他没能如愿，他便把她变得疯疯癫癫，这样谁都不会再相信她的话了。这的确行之有效：特洛伊人把卡珊德拉关进一座塔里，这样他们就再也不会听到她对厄运的预告。最可悲的是，卡珊德拉自己也未能幸免于难。希腊入侵时，卡珊德拉逃往密涅瓦（雅典娜在罗马神话中的名字）神庙，却遭到小埃阿斯强暴。小埃阿斯甚至都不屑于尊重雅典娜这位处子神的神殿（不过，后来他为此遭受了相当可怕的惩罚）。

众人作鸟兽散，特洛伊城已被夷为平地。

直到 19 世纪末，一位德国探险家才重新发现了这座早已被世人遗忘、掩埋在层层沙土之下的城市（很长一段时间里，这位探险家都被认为在考古方面造了假，他的发现被看作骗局）。

尽管城市被毁，战争却没有真正结束，对每个人来说都是如此。在《伊利亚特》的结尾，幸存的希腊人踏上返乡之路，但奥德修斯又花了 10 年时间才回到家乡（《奥德赛》讲述了他一波三折的还乡故事）。少数逃出生天的特洛伊人背井离乡，最后建立了罗马城（这是维吉尔在《埃涅阿斯纪》中讲述的故事）。

○ **爱情引发的战争**

战争与爱情并不总是对立的。爱情会导致战争，战争也会滋养爱情。

战争不仅仅源自政治分歧，也不仅仅源自金钱问题导致的集体冲突。

我们能得到的一个教训是"爱情如战争"。

战争始于生活，自然也始于爱情。为了挑起战士们的战斗激情，让他们为爱情而争斗一直都是好手段。爱神厄洛斯和死神塔纳托斯常在战争中联手，我们在后文中还会看到，这其实并非他们之间仅有的联系。

让我们回到"谁是最美丽的女神"这个问题上来。这个无辜的问题如何能引发伤亡如此惨重的战争呢？这需要我们逐步理解。

爱美之心与爱权之心的对立

争夺"奥林匹斯小姐"称号的三位女神分别是：

爱神阿佛洛狄忒。

宙斯的妻子赫拉。

智慧女神雅典娜。

她们为什么要比拼美貌呢？

在一个洋溢着节日气氛的甜蜜夜晚，众神齐聚奥林匹斯附近的皮利翁山，庆祝一场不同寻常的婚礼。婚礼的主角是一个凡人和一位女神。新娘是海洋中最美丽的女神忒提斯，她日后也将因对儿子的爱而闻名遐迩,因为她很快就会成为阿喀琉斯的母亲。爱子心切的她希望孩子永生不死,便提着阿喀琉斯的脚踝将他浸入神水之中。孩子的脚踝没有沾到水,也就没能得到保护。勇武的战斗英雄终将因此死去,尽管母爱深沉。

众神都受到了邀请,偏偏少了几位最不好惹的。未被邀请的至少有三位(具体数字不详,但这些神制造出的混乱惊动了四方)。这三姐妹中最著名的是象征不和的女神墨盖拉,她尤其擅长制造争端、搬弄口角。为了出这口气,三姐妹决定破坏这场婚礼。她们在这方面的本事强得令人难以置信。方案很简单,墨盖拉向众神围坐的桌子上抛出一个金苹果(诸神花园里的苹果树会结出金苹果!)。她在苹果上事先刻下了一句话:"献给最美丽的女神!"

这不就成了?三位女神竞相追逐苹果:"我才是最美的!"

在神话的其他版本中,扔苹果的是不和女神厄里斯。世界各地都知道这个不祥的苹果叫作"不和之果",并用各自的语言把它的名字保留了下来。

那么,谁才是最美丽的女神呢?三人中没有谁能获得其他两位的一致认可,于是她们决定找一位裁判。宙斯拒绝蹚浑水,建议她们去特洛伊找刚刚成年且容貌出众的王子。

美男子帕里斯是特洛伊国王之子,却远离自己的父亲,过着孤独的生活。他被流放到了很远的地方,在爱琴海的另一端、希腊对岸,如今的土耳其境内。他为何会被流放?这与他的出生有关。他的母亲在分娩前做了一个梦,梦中的她手擎火炬,点燃了整座特洛伊城。

这个梦被视为不祥之兆,父亲因此决定除掉这个孩子。然而,母亲不想让他死,便偷偷留下了他。帕里斯被牧羊人收养,很快,他自己也长成了一个牧羊人。长大后他身份逐渐获得认可,被承认为国王之子,并在特洛伊找到了自己的位置。但他太热爱自小陪伴他的羊群了,便又回去放羊,孤身一人生活在伊得山。

这位英俊的少年将做出裁决,解决三位女神之间的争端。

她们在使者赫尔墨斯的指引下找到了帕里斯。她们会轮流询问帕里斯,也各自准备好了收买裁判的条件。

○ 人性的驱动力

故事毫无悬念。帕里斯将选择"爱情"。

为什么?

因为人的第一驱动力就是性。性能量是人类最初的能量。弗洛伊德将这种能量命名为"力比多",他明确指出,那是"与我们用'爱'这个词总结的东西有关的倾向"[1]。

帕里斯将选择符合人类最强烈倾向的那一个、指导他行为的那一个:快乐原则。这是对性上瘾的表现吗?

弗洛伊德反复强调:"人的唯一本能就是性本能。"[2] 诋毁他的人毫不犹豫地指责他对性上瘾,而他则看似坦率地细化他的回答:"令人遗憾的是,到目前为止,分析只允许我们证明性本能的存在。然而我们也不会得出结论,说不存在其他本能。"[3]

---

1 引自《群体心理学与自我分析》,载于《精神分析测试》。
2 引自《精神分析测试》。
3 引自《精神分析测试》。

最初，弗洛伊德将力比多定义为性能量，但他很快扩充了力比多的含义。后来他对力比多的定义包含两个部分：我们所称的"爱"的核心，是由通常被认为是"爱情"的东西和诗人吟唱的东西自然形成的。也就是说，它是建立在性结合基础上的爱。但我们不能把它和其他爱的形式分开，比如自爱、亲子之爱、朋友之爱、对人类的热爱，甚至还有对具象物体和抽象理念的迷恋等。

帕里斯的选择告诉我们，除了性欲，人类还有其他可能的欲望。用刀剑赢来的军事权力以及政治权力（或者知识权力、宗教权力）都让人趋之若鹜。总之，对权力的渴望占据了人类的心，推动了历史的发展，对知识的渴望同样有这种效果。这些是推动人类历史发展的强大动力，仿佛力比多有了衍生物。

"力比多"这个词并非弗洛伊德首创。它是一个古老的拉丁语单词，为我们这个时代之初的思想家所用。当时，宗教几乎垄断了一切思想。使用"力比多"这个词语的是神父们，他们用当时的通用语言拉丁语（相当于今天的英语）写作，谈论"对知识的欲望"（libido sciendi）、"对权力的欲望"（libido dominandi）……

这个神话故事的有趣之处就在于此。

赫拉有一位声威显赫的伴侣，他是天空的主宰。赫拉与他共居权力之巅，她享受着丈夫权力的荫庇。她那爱欺骗她、常常勾引其他女神和凡人的丈夫宙斯并不只是奥林匹斯众神之首，在此之前，他还在为暴力所统治的诸神世界里建立起规则和秩序。从某种程度上来说，他既是天空的主宰，也是众神的统帅。

他的妻子赫拉自恃手握劝服帕里斯的王牌。作为奥林匹斯山第一夫人，她向帕里斯承诺将赋予他至高无上的权力，足以让他统御整个世界。但帕里斯拒绝了这份厚礼。

女神的报复尤为可怖，赫拉决定摧毁特洛伊城。

○ **女性的暴力**

女性的暴力并非空谈。在希腊世界，男女不平等的现象十分明显，女性一结婚就会被限制在家里。从公元前5世纪开始，雅典民主制度蓬勃发展，直到公元前1世纪希腊被罗马征服。然而在此期间，女性从来没有投票权。她们享有的政治权利并不比儿童、奴隶和异乡人更多。女性永远被视为"未成年人"，和下等人以及尚未成熟的男性处于同等地位，但神话中对女性暴力的认可，相当于对女性和男性在性格和气质上的平等地位的认可。哪怕在今天的西方社会，这种平等也很难获得承认。

理性之神

第二位竞选者是位列奥林匹斯十二主神之一的雅典娜。

雅典娜是希腊世界的重要人物，希腊的主要城市雅典就以她的名字命名。雅典娜又被誉为理性之神，理性与爱情相对立，正如她与阿佛洛狄忒相对立。雅典娜的出生可谓传奇：伴着一声怒吼，她从宙斯的脑袋里蹦出来，一出生就已经成年，披甲戴盔，手持武器。深受宙斯宠爱的女儿是战神吗？不，她首先是一个年轻、好斗又独立自主的女孩。与爱神阿佛洛狄忒不同，雅典娜是一位处子神。

对雅典市民而言，女神的贞洁象征着雅典城不可能被"夺取"。雅典最著名的神庙是位于卫城之巅的帕特农神庙，其名意为"处女"（parthénogenès，无性生殖）。雅典娜终身未婚，也没有任何情人。为什么呢？这与贞洁女神阿尔忒弥斯的情况还不太一样。阿尔忒弥斯完全拥护贞洁，但雅典娜会说："爱情有什么不可以的呢？可想到爱情会给女人带来的种种后果，还是算了吧。"希腊诸神的社会与人类社会一样，都崇尚男权。雅典娜不可能屈于妻子的身份、顺从丈夫，也不可能甘当男性的情人。但这并不意味着她拒绝爱情本身，她只是拒绝爱情可能会带来的问题。况且，雅典娜还加入了争夺美丽之果的竞赛，与阿佛洛狄忒对抗。因此，她与阿尔忒弥斯根本不同。她的童贞并不具有侵略性，她是理性而富有智慧的。除了战争，她更多地象征着战斗中的公义。她用智慧取胜，反对带着杀意的狂怒。

她将向帕里斯提供什么？她提出赋予帕里斯智慧和美德，还保证他会战无不胜。

但帕里斯还是拒绝了，而这会让他的故乡陷入更深重的苦难。作为对他的拒绝的回报，雅典娜将不惜一切代价，帮助希腊人战胜特洛伊人。

之后呢？

帕里斯选择了能让他达到爱欲和快感之巅的阿佛洛狄忒。阿佛洛狄忒保证他会被最美丽的女人海伦所爱。帕里斯原本就被视作最美丽的男人，正是因此，他才被选来裁定谁是最美丽的女神。他选择了以感性的爱情为中心的命运。

海伦是谁？她是姿色最出众的凡人，自小便很出名，被恭维、被觊觎、被渴望。12岁时，她被想娶她为妻的忒修斯掳走了。

发展的三种可能性

帕里斯选择了肉欲之爱。"人类受性的驱使。"弗洛伊德这句解读与帕里斯的选择不谋而合。然而，这种对神话的表层解读很快就被超越了。实际上，提供给帕里斯的三个选择让人们看到了人类发展的三种可能性，而其中两种与性无关。

只要我们稍加注意，就会意识到帕里斯的选择其实毫无悬念。他是一位俊美异常的男子，这就是他被选为裁判的唯一原因，他爱慕美。尽管他现在是公认的特洛伊国王的儿子，尽管他的力量和技能已经多次得到证明（在类似奥林匹克运动会的特洛伊运动会上，他在多个项目中以前所未有的优势将对手远远甩在身后），但他仍选择远离政治权力的光芒，独自生活。神和人都清楚帕里斯不追逐权力、不热爱智慧，也不贪恋财富。女神们在选择帕里斯做裁判的时候就等于提前选择了答案，而帕里斯在被询问之前就已经做出了回答。他不只有答案，他本身就是答案，这完全可以预测。一切的一切都表明他会选择爱情，而非其他雄心壮志。所以，我们必须超越对神话的表层解读：当女神们选择帕里斯为裁判的时候，她们的竞争就毫无悬念可言了。

对权力的渴求

赫拉提出给予帕里斯权力,这是政治意义上的权力。如果对象不是帕里斯而是别的英雄,赫拉的建议或许会有更大的吸引力。比如奥德修斯,特洛伊战争结束后,他曾犹豫要不要返回故土。他在女神卡吕普索身边度过了7年时光,远离妻子珀涅罗珀。他摇摆不定,心中最强烈的欲念将他撕扯成两半:一方面,如果选择与卡吕普索的爱情生活,他就将远离一切政治生活;另一方面,如果放弃肉欲之欢(珀涅罗珀"曾经"美丽动人,如今却已老去),他将拥有权力,享受家庭的温馨。我们之后会专门用一章来讨论他的迟疑。

性欲并不是驱使我们生存和行动的唯一能量来源,我们还有对权力的渴望以及对知识的渴求。

在我们的一生中,什么才是我们的行为动机?动机的键盘上有许多按键。弗洛伊德告诉我们,最根本的是生命的驱动力,对性、权力和知识的渴望将我们与他人联系起来。这些驱动力推动着我们探索世界、理解他人、承担风险,探索者会发现他人和自我,而旅行者会发现新的风景。

这种探索的冲动、这种对改变的渴望、这种对新鲜的渴求,都被弗洛伊德与厄洛斯联系在一起。选用这个名字就是误解的源头。批评弗洛伊德的人称他耽溺于性,称他的理论是用性来解释一切,说他就是泛性主义。事实上,我们不能把这里的"厄洛斯"单纯理解为厄洛斯中心主义或炽热的爱欲游戏!厄洛斯代表性,这一点毫无疑问,但性作为关键组成部分,参与了我们生命中的全部冲动,推动我们走出自我，推动我们走到他人面前，推动我们与他人相连、与世界相连。

证据呢？站在厄洛斯对立面的并不是禁欲之神。与厄洛斯相对的不是性的缺失，而是死亡。他对面站着的是塔纳托斯，象征死亡，在弗洛伊德的理论中代表破碎的力量、会导致分离和重复的力量。塔纳托斯是变化、新鲜和发现的对立面，他是冰冷和孤寂，与生命冲动的热烈相对。

因此，帕里斯的选择也给了我们审视人类深层动机的机会。阿佛洛狄忒的两位竞争对手与她一同构成了稳定的三角形。爱情、智慧和权力。该选择哪一个呢？众神的意见并不统一。从这个角度来看，希腊人笔下的神灵与凡人相差无几。有的追逐权力，享受权力能带来的一切好处和便利；有的迷恋智慧，想成为首领的顾问，简单来说，就是首领的首领；还有的纵情肉欲之乐，喜欢享受生命的甜蜜。

○ 阿佛洛狄忒的诱惑策略

在找到帕里斯之前，阿佛洛狄忒的两位竞争对手要求阿佛洛狄忒摘下她那条可怕的腰带，因为腰带里藏着许多用来诱惑的工具，赫拉和雅典娜深知它们的威力。阿佛洛狄忒的腰带里究竟有些什么？有优雅、魅惑的微笑，有"甜言蜜语、最具说服力的叹息、富有表现力的沉默和动人的眼神"[1]。

1　引自《希腊和罗马神话》(*Mythologie grecque et romaine*)，科默兰（Commelin）著。

在这里，美被其他事物超越了。光有美还不足以诱惑，情欲的吸引力并不仅仅来自美，因为诱惑不是一种被动的行为。在我们运用交流手段与他人互动的过程中，诱惑会通过动作、姿势、行为方式、声调甚至沉默表现出来。在希腊人的观念中，美和诱惑的概念不是静态的，而是动态的。美丽的女性并非被动。阿佛洛狄忒的主动程度与赫拉的暴烈程度相比毫不逊色。

神话故事是由人类创作的。如果我们这个时代也有神话，21世纪的女性会被描绘成赫拉、雅典娜和阿佛洛狄忒那样吗？

解析梦境和神话的显性内容

视神话为梦境是否合理？我们能用解析梦境的方法解读文学作品吗？

显然，答案是肯定的，这两者的结构具有一定的相似性。梦的内涵丰富，神话亦然，它们在表象之下也都有着潜藏的含义。弗洛伊德本人表明，文学文本是可以当作梦境来解读的，而且他对文学作品的解读颇为出色。[1] 他这样评价自己对文学作品的分析："就分析而言，诗人虚构的梦境与真实梦境的运转机制相同。"[2]

梦既有显性的内容，也有隐性的内容。为了找到两者之间的联系，我们有必要对梦境进行解析，因为梦境的显性内容可以被看成受到压抑的欲望的变相实现。

---

[1] 引自《詹森的〈格拉迪沃〉中的幻觉与梦》。
[2] 引自《精神分析五讲》。

第四章
阿佛洛狄忒钟爱夜晚：
无意识的力量

我们在欲望方面最常犯的错误，是无法充分区分那些完全依附于我们的东西和那些没有依附于我们的东西。

——笛卡尔，《论灵魂的激情》（*Les Passions de l'Âme*）

"我忍不住了！"

我们并不总是能控制自己，而且我们也不总是依理性行事。

我们怀有强大而未知的力量，它们无视社会行为准则；

我们怀有驱使我们采取行动的力量，尽管我们能够对即将实施的行为做出道德判断；

我们怀有自己无法控制的力量，相反，是它指导着我们的行为。即便我们试图保持理智，它也能带领我们靠近最为渴望的事物。

○ **为爱而生的女神**

最美丽的女神别无选择，只能与最丑陋的男神结合，因为这是父母的决定。

阿佛洛狄忒是最美丽的女神，她不仅美丽，还充满欲望。等她长到可以结婚的年纪，宙斯将她许配给了跛脚神赫菲斯托斯，即罗马神话中的火神伏尔甘。赫菲斯托斯是锻造之神，也是火与铁器之神。诸神之中数他最勤劳，他孜孜不倦地为其他神服务，给他们的生活带去便利。他甚至想过为每一位神各打造一把非常实用的扶手椅：集会之前只要坐上去，椅子就能把他们带去会场。除了制作对诸神的日常生活有用的物品，他还制作女神们的珠宝首饰，最重要的是，他为宙斯锻造出了闪电。

美丽的阿佛洛狄忒背叛了自己的丈夫，因为爱情不能听从命令。

阿佛洛狄忒是和谁一起欺骗她的丈夫？如果她不忠于自己的丈夫，那她会忠于自己的情人吗？

婚姻的规则与爱情的规则并不相符

希腊诸神的社会与启蒙时代法国贵族的社会相似。当时,旧制度下的法国正处于大革命前夕,狄德罗是当时最具代表性的人物之一。在他女儿看来,他充满爱意,又很前卫,是家庭中的好父亲。他忠于爱情,几十年如一日地写着情书,直至生命的尽头。他的情书是文学作品中最美丽的,但这些信究竟是写给谁的?事实上,是写给他的情人苏菲·沃朗的。彼时,人们已经能够区分心灵的震颤和婚姻的规则,这与奥林匹斯山上阿佛洛狄忒面临的境遇完全相同。她乐于处在这种情境之中,要不是"有人"(首先是她的丈夫)阻止她,她会爱慕情人阿瑞斯很久。

情非得已

后来,阿佛洛狄忒无法继续爱慕阿瑞斯,但她依然爱欲旺盛,爱神也爱人。她对阿多尼斯的爱最为长久,直至阿多尼斯死去。身为凡人总有一死,在与阿佛洛狄忒旧爱的竞争中,这成了阿多尼斯最糟糕的劣势。自己因一介凡人而被阿佛洛狄忒抛弃,这让她的旧情人非常生气,就化成一只野猪,向阿多尼斯发起致命一击。

挑起这场嫉妒之战的一方当然就是阿瑞斯。

之前,阿佛洛狄忒和阿瑞斯非常相爱,那是在夜晚绽放的爱意,难以见光。白天,阿佛洛狄忒不得不扮作丈夫温顺的妻子,到了晚上却去爱别人。在被戳穿、被迫分离之前,两人如胶似漆,幸福快乐,还育有众多子女。这里我们介绍一下其中四个，前两个你们都知道，我们在前文提过。一见到他们，我们就会想起他们的母亲，他们就是厄洛斯和他的孪生兄弟安忒洛斯。安忒洛斯象征回应之爱，也就是说爱是相互的[Anti-Éros，即"反厄洛斯"，正如位于波里斯城（Polis）"对面"的安提波里斯城（Antipolis）一样]。另外两个分别是象征恐惧的得摩斯和象征惊恐的福波斯（Phobos，我们可以在"phobie"和"phobique"这两个词里找到他的名字）。提起他们，我们自然会想起他们两个那崇武好斗的战神父亲。

这对恋人在夜色中相见，黎明时分别。

每一个夜晚，阿瑞斯都让他最忠诚的朋友在爱巢门口放哨，并在日出之前提醒他们。天亮之后，所有人的生活都会重回正轨。

人们更愿意在夜晚进行性活动

作家阿尔波特·科恩（Albert Cohen）在小说《魂断日内瓦》（*Belle du seigneur*）中表达过自己的惊讶之情：白天矜持低调的女孩们到了晚上就会变成充满欲望、放浪形骸的女人。这是因为漫长的白天过去，风纪审查员酣然入梦，所以静谧的夜晚最适合释放欲望吗？欲望是属于夜晚的力量吗，就像动物性力量一样？文化的力量使我们变得崇高，而动物性力量却与其相对。这种文化的提升由"升华"一词体现。弗洛伊德称"欲望的升华"可以"去除欲望里性的部分，这样，欲望就变得更加高尚，也可以少受指责"[1]。

---

[1] 引自《自我与本我》。

可以肯定的是,欲望是推动世界发展的力量之一,毫不理性,蔑视一切,谁都不能豁免。

我们无法将无意识的欲望"引入正途",因为它自有其法则。欲望的冲动是持续的,超越一切阻碍,无论人们满足其与否。情况稍好一点儿,我们能遏止欲望片刻;而在最糟糕的情况下,我们以为能按自我意愿调节欲望,最终却只能对欲望和本我俯首称臣。"正如不想下马的骑士有时会信马由缰,自我会将本我的意志转化为行动,仿佛它是自我本身的意志。"[1] 受到压抑的欲望其实一直存在于无意识之中。[2]

希腊诸神拥有智慧,不会强迫妻子回到她已经不爱的丈夫家中。应该屈服于欲望,顺其自然吗?我们会在后文讲到奥德修斯倾听塞壬歌唱的故事,那恰好是一次追求倾听欲望的成功尝试,也没有让奥德修斯屈服于欲望对个人和集体的威胁。

现在让我们回到阿佛洛狄忒这里。她漫长生命中主要的爱情故事都发生在夜幕的掩护下,或者说发生在黑暗中。黑暗,无意识的栖身之所,指的是"心灵生活最幽暗、最难以企及之处"[3]。

○ 窥视癖

某一天,确切地说,是某一天晚上,阿瑞斯那守在门口的忠诚朋友陷入梦乡。清晨,太阳神赫利俄斯像往常一样升上天空。他每日都要巡视整片天空,因而目睹了一切。于是,他去提醒一直被蒙

---

1 引自《自我与本我》。
2 引自《精神分析五讲》。
3 引自《超越快乐原则》。

在鼓里的赫菲斯托斯。

赫菲斯托斯敏于劳作,却钝于家事。他暗中用丝织成了一张坚固的网。由于丝极细,编成的网眼又极密,整张网看上去近乎透明。

第二天夜里,那对情人便被这张网捕获,谁也没能逃脱。

欲望,文化的囚徒

欲望被一张看不见的网捕获了。张网之人是法制化、社会化的世界的象征。

赫菲斯托斯之网展示了自然和文化之间的冲突。它将驱动力束缚在网中,使之丧失力量。驱动力,这股属于夜晚的力量、隐秘的力量、边缘的力量,因此被否定了。

赫菲斯托斯召集奥林匹斯山的所有神灵来观赏这对通奸男女在网中挣扎、试图逃脱的样子。两人在网中无法动弹,成了众神的笑料。

刚被放出,阿佛洛狄忒就逃离了自己的丈夫。她在高加索的森林中幽居了很久,无人知晓她的影踪。

升华还是抑郁?

现实对我们的欲望而言并不总是那么美好。会有妨碍我们按自己意愿生活的人或事,我们并不是总能成功实现自己的幻想。这种失败会导致哪些后果?向上攀登或向下坠落。向上攀登即为升华。若是艺术家,他就会把失败转化为艺术创作,转化为文学、绘画等作品。若是批评家、散文家或科学家，他就会用自己的力量努力地诠释这个世界。若是信徒甚至神秘主义者，他就会在信仰中变得更加强大。

向下坠落则会让人变得郁郁寡欢。当我们无法将欲望转化为现实，当我们没有向上攀登的能力，或者说没有足够的内在资源来升华欲望，我们就有可能变得郁郁寡欢。神经衰弱离我们并不遥远。"在我们这个时代，神经症取代了所有那些对生活失望或因太过软弱而无法承担生活重负的人曾经的避难所。"[1]

公鸡为何打鸣？

阿瑞斯则趁那位负责看门的朋友不注意对他进行了报复，尽管朋友是因为睡着才无意间坏了事。阿瑞斯惩罚了他，把他变成一只公鸡，从此他负责宣告每天太阳升起的时间，以示对那致命之夜的忏悔。

○ **窥视癖和暴露癖**

受骗的丈夫选择袒露自己的遭遇，而不是隐瞒自己的不幸。他本可以向神界隐瞒他的懊丧，或者至少隐瞒妻子与情人床笫之欢的场面。然而，他选择公开展示自己捉奸时看到的场景。他召唤奥林匹斯众神前来围观他应当引以为耻的事，而几乎所有的神都来了。

---

[1] 引自《精神分析五讲》。

神话中，阿佛洛狄忒和阿瑞斯的夜间欢愉（在他们被揭发之前）已经被挑明，而赫菲斯托斯续上的尾声为其增加了性快感的其他成分。

首先，这件事唤起了一对冲动，即观看的快感和被观看的快感。窥视癖和暴露癖是两个对称的元素。应妻子出轨的丈夫之邀前来围观的奥林匹斯男神们都很享受处于窥视者位置的感觉（事实上，女神们都拒绝前来）。然而，众神却发出了"无法抑制的笑声"，也许这掩盖了在群体中扮演偷窥者的一些不适感，因为长期以来，偷窥在人类中间似乎都是一种孤独的快乐。其次，被捕获的恋人似乎并不喜欢被强迫扮演暴露者的角色。如果人们没有主动选择暴露，那它就不会令人感到快乐。

○ 受虐癖和施虐癖

除了窥视癖和暴露癖，精神分析学还揭示了另一组对称的冲动，一方主动，另一方被动，它们是使人痛苦的快乐和承受痛苦的快乐。这是两种相当普遍的性变态行为，尽管在弗洛伊德看来，"所有性变态行为中，最常见、最重要的是对性对象及其对应物施加痛苦的倾向"[1]。

这两种冲动得名自 19 世纪末的文学作品。"施虐癖"命名自萨德侯爵。这位法国侯爵在 18 世纪创作的作品被收藏在各国图书馆的"地狱"中，也就是属于没通过审查而禁止大众阅读的那部分藏书。"受虐癖"则来自 19 世纪的奥地利作家利奥波德·冯·萨赫－马索

---

[1] 引自《性学三论》。

克（Leopold Ritter von Sacher-Masoch）的名字。他在作品《穿裘皮的维纳斯》中描述了他对一个女人的热恋，那个女人折磨他，让他品尝到残酷的快乐。

○ 我们都是"多型性变态"

精神分析学有助于淡化禁忌，并能去除性行为中的夸张成分，包括那些被定性为反常的行为，这些行为总是与羞愧和内疚相伴。弗洛伊德表明，人在儿童时期是"多型性变态"，这种痕迹在成年后仍有遗存。到青春期，性心理逐渐发展至以生殖器快感为中心，从与另一性别进行的性活动中产生，但也可能出现部分冲动保持独立、不服从于"生殖"的情况，以这种方式保持独立的本能构成了所谓的"变态"[1]。我们的性生活多少会受到冲动自主性强弱的影响，程度范围从偶尔游戏般的刺激到强迫性行为，当然也包括狂热迷恋。这没什么大不了的，只要不让自己痛苦，也不让别人痛苦就行了。

---

1 引自《性学三论》。

第五章
厄洛斯和他的孪生兄弟：
如何区分欲望和需求？

我们无法摆脱痛苦，只能暂时排解痛苦。

——司汤达

欲望赤足而来，居无定所……因为它有着其母（匮乏）的本性，这种苦难对他不依不饶。

——柏拉图，《会饮篇》

○ **谈一谈爱情和爱情之神**

厄洛斯是爱情之神，人们以为他的生活一帆风顺，但现在我们需要稍微讲一讲他艰辛的童年。

他的父母是谁？即便面对神灵，我们也有八卦的欲望。然而，这个问题并没有明确的答案，这种情况在众神中也难得一见。爱情是一片广阔而复杂的疆域，难以言明它诞生自何处，所以面对与其对应的神，我们也无法说出他的父母是谁。实际上，与厄洛斯同名的神有好几个，这是19世纪的皮埃尔·拉鲁斯（Pierre Larousse）[1]经过长期调查后得出的结论。

厄洛斯，匮乏之神

厄洛斯最初的生活非常不幸，这是关于他的唯一可以确定的事情，所有版本的神话故事都在这一点上达成了一致。在柏拉图最喜欢的版本中，厄洛斯被描绘成一个乞讨者，一个什么都没有的可怜人。他是权宜之神和贫困之神的孩子。有这样的父母，厄洛斯从出生就没开好头。爱情沦为乞讨，他应当学会在匮乏中自我满足。幸而，因为他的母亲，他生来脑子就很灵光，毕竟他得学会自己讨生活。

○ **动词"爱"的含义**

来，仔细观察一下"爱"这个动词：它需要疑问语境，而不是

---

[1] 他成书于19世纪的《19世纪通用大辞典》是一座取之不尽的信息宝库，本书选用的许多神话故事均取自于此。

肯定语境。"我爱你"想表达的真实含义其实是询问"你爱我吗？"一个引人焦虑的问题。乞讨才是爱情的真相，富有并不是。

这是神话中第一个令人惊异之处，也是第一个真理。爱情不是我们能给予的东西，而且在这个游戏里，最不幸的人并不是运气最差的人，比如身为贫困之子的厄洛斯。

精神分析学家雅克·拉康（Jacques Lacan）说过一句如希腊神谕般晦涩的话："爱情是将那些我们不曾拥有的东西给予并不需要的人。"他想说明什么？在爱情中，重要的并不是我们能够给予，"富有"没有那么重要。再者说，在什么方面富有呢？是金钱多还是人品好？将我们拥有的全部展示出来是最不可取的做法，因为我们无法像填饱对方的肚子那样满足对方的欲望。从这个角度来看，贫乏不是什么坏事：为了好好去爱，或许得做到无所求、无所失，这是从所给之物的角度而言。反过来看，我们需要给予对方欲望，这是"匮乏"的同义词，把自己的欲望无条件地给予对方。

因此，爱需要疑问语境，重要的是带给对方你对爱的"需要"。

让我们沉醉其中的是什么？是有人为我们而沉醉。

欲望是什么？欲望就是被欲望。

拉康（1901—1981）

弗洛伊德热衷于依照统一的严格标准培训世界各地的精神分析从业人员，以保证精神分析的治疗效果。同时，他也试图培养自己的接班人。早在1910年,弗洛伊德就创立了国际精神分析协会。

然而,弗洛伊德与他的每位预备接班人都相处得不愉快,其中首位就是卡尔·古斯塔夫·荣格,也是协会的首任主席。还没等1939年弗洛伊德去世,精神分析学就已经被众多流派割裂。它们彼此间观点不合、相互排斥,此类情况数量倍增。拉康第一次听说弗洛伊德是在1923年,当时拉康还是一名医学生,而精神病学才刚刚成为一门学科。在30年的时间里,他以"回归弗洛伊德"为口号,打磨自己的理论和实践。65岁时,拉康出版了轰动一时的作品《拉康选集》(*Écrits*)。人类科学在20世纪大放异彩,拉康也趁此机会重新审视了弗洛伊德的理论,只是弗洛伊德永远无法知晓了。在影响了拉康的众多领域中,最重要的是语言学(索绪尔和雅各布森)和结构主义(人类学家列维-斯特劳斯)。

以最关键的对梦的解析为例,弗洛伊德认为梦需要阐释才能被理解,梦的含义隐藏在做梦者的意识之中,意识通过精神活动将日间材料转化成构建梦中故事的砖块。这里涉及的精神活动主要有两种,分别是"移置"(在惧怕父亲的孩子的梦中,父亲会以一头猛狮或一位严厉教师的形象出现)和"凝缩"(巨大的戒指或豪车体现了富有的概念)。

拉康重构了这两个术语,使它们更接近"换喻"和"隐喻",在丰富了精神分析学的同时,扩展了语言学。无论如何,他那最著名的"无意识具有语言的结构"理论都来自这两者的交融。

拉康不仅在实践中饱受争议(尤其是他的分析会议被缩短到仅剩几分钟),他的理论贡献也受到质疑,这主要是因为他把弗洛伊德对无意识的研究变得更加复杂了。

||||||||||||||||||||||||||||||||||||||||||||||||||||||||

艰辛的童年

在最常见的神话版本中,厄洛斯是阿佛洛狄忒的孩子。

阿佛洛狄忒是掌管爱情的女神,她诞下了掌管爱情的男神,这倒是不令人意外。

希腊诸神的社会并不那么注重女权。阿佛洛狄忒无权选择自己的丈夫,只能让她的父亲做主。可阿佛洛狄忒一点儿都不喜欢自己的丈夫,她本来就没有选择他,何况他还身有残疾。阿佛洛狄忒对他不忠,有很多情人。然而,尽管她自己也不太女权主义,众神的世界依然给予了女神爱自己想爱之人的自由(只要表面功夫做到位就行)。

女人来自金星,而男人来自火星?不管怎么说,在罗马神话中,玛尔斯爱着维纳斯。而在罗马神话的原型希腊神话中,阿瑞斯爱着阿佛洛狄忒。爱神的情人是战神。

在被自己的丈夫发现之前，阿佛洛狄忒和阿瑞斯已经育有众多子嗣（详情见第四章），厄洛斯就是其中之一。

与其他大多数孩子不同的是，这位爱神有生长障碍。他的成长被抑制了，这让他无法长大，一直是个孩子。

这有解决的办法吗？有的，只要给他找个伴儿就行。于是，阿佛洛狄忒又生了一个孩子，取名为安忒洛斯，字面意思为"反爱情"。一切都解决了。两人相聚时，厄洛斯便能正常生长；一旦分离，厄洛斯就会停止长大。

简而言之，只有在相互作用下爱情才会生长。对神的概念持功利态度的雅典人也为安忒洛斯建造了一座神庙：作为对厄洛斯的必要补充，他有权获得与厄洛斯同等的尊重。

然而我们应该继续深入探究。

○ 欲望着被欲望

作为动词的"爱"有多重含义，比如婴儿"爱"母亲的乳汁，成年人"爱"另一个成年人。"爱"的含义十分丰富，各有不同。不"爱"妻子、"爱"爆米花，这两者之间有何区别？如果对象是爆米花，事情就很简单：一个人如果喜欢谷物，就会去买爆米花来吃，一旦饱了就会停下，第二天醒来如果饿了，早餐时就会继续吃。两餐之间，他并不缺少谷物。

而如果对象是一个人，情况就会有些复杂。我们对另一个人的欲望，并不只是因为他的胸部，也不是因为他的臀部；不是因为他身体的某一部分，也不是因为他身体的全部。我们对另一个人的欲望是希望得到回应的欲望，我们欲望对方会欲望我们。对公众认可的渴望折磨着许多有抱负的明星，那是对爱欲的升华、变形或扭曲。当明星坠入爱河时，这种渴望往往会消退，但在某种情况下这就不适用了，即手段（为了被爱而成为明星）已经优先于目的（被爱），成了最重要的事。

○ **需要某样东西，欲望某一个人**

与需求（对爆米花或其他任何事物的需要）不同，欲望是对他人的渴望，也是对他人欲望自己的渴望。他人从最开始就在我们身体里，在大脑最深处。神经生物学家J.D. 文森特（J.D. Vincent）回忆自己最近的经历时说，他打算弯曲手臂或想象自己正在弯曲手臂的时候，大脑中被激发的区域与他设想邻居正在做这个动作时被激发的区域相同。

从一开始，爱情就是一种镜像之爱。那喀索斯因此迷失（我们将在后文提及）。在那喀索斯身上只有认同（identité），而没有回应（réciprocité）。

从弗洛伊德开始，在爱情和欲望方面的表述就被不断明确和丰富。2000多年前，诗人就用神话讲述了这一切：厄洛斯和安忒洛斯的神话故事分别以各自的方式解释，"爱"不单单是欲望，还是欲望着所爱之人对自己的欲望。爱情需要回应。精神分析学家和吟游诗人在此相遇，真相流传了千年：厄洛斯欲望丰富，却又非常匮乏，被自己的需求困扰，是一个予取予求的穷人。厄洛斯需要活水，他渴望爱情。

第六章
奥德修斯和塞壬之歌：如何贯彻快乐原则？

生活由幻觉组成，在这些幻觉中，成功的那些是构成现实的幻觉。

——雅克·奥迪贝蒂（Jacques Audiberti）

在责任和快感之间，应该作何选择？你会选择向诱惑低头，还是抵抗诱惑？可是，真的有必要做出选择吗？

解决方案有一个，就是在快乐原则和现实原则间轮替，而不是进行非此即彼的选择。这是一种如昼夜般的交替：每种原则轮流让位于另一个，谁都不能占据全部地位。奥德修斯证明了自己在平衡这两项原则的紧张关系上具有堪称大师的能力，这就是塞壬事件的全部意义。

在爱情和温柔之间犹豫不决的奥德修斯

奥德修斯曾向海伦求婚，但海伦早有意中人墨涅拉奥斯。于是，奥德修斯娶了珀涅罗珀为妻。他很快有了一个孩子，名叫忒勒玛科斯。然而，海伦被帕里斯"劫持"，引发了战争。像所有伟大的希腊统治者一样，奥德修斯需要前往特洛伊。他必须参战，帮助墨涅拉奥斯解救被帕里斯囚禁的海伦。《伊利亚特》就讲述了这个故事。

奥德修斯在特洛伊城下征战了10年。他是一位意志坚定的战士，强大、狡黠、果敢。是他想到了特洛伊木马的计策，并以此结束了生灵涂炭的10年混战。

他准备班师还乡，却遭到神的阻挠。他又花了10年才回到伊塔刻。

真没想到他不想去特洛伊！为此他一度装疯卖傻，却被识破。故事的高潮是，尽管他再三否认，但他确实迷恋上了别处的气息。他与海浪和逆风搏斗，驶向伊塔刻，途中船只却在荒凉的海岸上搁浅了。

危险三姐妹

返回伊塔刻的路程充满艰险,奥德修斯远离珀涅罗珀,在地中海上航行了10年。《奥德赛》讲述了这个故事。

奥德修斯在地中海上迷失了方向,他漫无目的地漂流,从东到西,从南到北。诸神不想让他回到伊塔刻,所以他不得不在这片大海上漂泊,刚在这里侥幸脱险,又在那边遇上一难。

起初,奥德修斯刚离开特洛伊就遭遇狂风,被带往利比亚。他重新越过地中海,因为他不得不笔直朝北航行。很快,他被逼至大海的尽头,即西边的直布罗陀海峡。

现在,女巫喀耳刻警告奥德修斯说他将遇到新的危险:他的船只将驶入塞壬经常出没的水域,也就是如今意大利地图"靴子"鞋尖所在的地方,西西里岛海岸边。

塞壬是诱惑的化身,表现为鸟身人面的美丽女性。实际上,她们只有引诱他人才能活下去。她们会使所有途经的船只偏离航线,因为船只搁浅对她们而言意义重大,如果失败,她们就无法用船员果腹。要么引诱,要么死亡,这就是她们的命运。

横亘在奥德修斯和塞壬之间的是一场你死我活的斗争,是一场快乐原则的信徒和现实原则的信徒之间的斗争。

每次只要有船只靠近,塞壬就会使出浑身解数,毕竟事关生死,要么塞壬活,要么船员活。塞壬在这场战争中使用的武器非同寻常。

试想,你是一名希腊水手,塞壬之歌渐起,歌声慢慢将你包裹,让你着了魔。她们的歌声具有魅惑的力量(从词源学上说,具有诅咒的力量），哪怕在今天也不例外，一样有着吸引人的魔力（诱惑的魅力和人格魅力源自同一种魔力）。一听见塞壬之歌，你就会被快乐的浪潮包裹，在幸福之海畅游。你不可避免地被这种富有魅力的生灵吸引，你被迷住了，沉浸在她们的歌声中无法自拔。你只想做这一件事，甚至茶饭不思。为什么要抗拒快乐呢？

○ 危险的快乐

对女性的恐惧和对快乐的恐惧在这一事件中交织在一起。

今天，希腊神话仍具有现实意义。2500年来，文学作品反复讲述女性的神秘，既令人着迷又令人不安。

对这种不安最常见的反应是企图贬低女性的大男子主义，其关键在于否认妇女的逻辑推理能力，拒绝承认她们与自己的平等地位。反过来，女性被当成欲望的对象，美丽且被动。大男子主义者会问"她们在抱怨什么"，却没有意识到自己不敢在两性游戏中直面性别上的平等。

如果你走向塞壬，就永远无法回归家庭，无法回到妻子和儿女身边。你将死于享乐。满足欲望的承诺是那么诱人，凡人明知危险，却放任自己受到诱惑。塞壬有着无穷的吸引力。"由她诱惑吧"，从本意上来说，指的其实是"由她引入歧途吧"。离开了正确的道路，你就再也回不来。人们很快就会发现你的枯骨。

○ 遵循快乐原则的本我

一项研究快乐的生理机制的科学实验展示出一些相当令人诧异

的结果。当人们把激发大脑中快乐电波的电子按钮控制权交给身为实验对象的小鼠时,小鼠是不会主动按下停止键的。简直可以说,它们确确实实会死于快乐。简而言之,"本我只在乎快乐",它"从不考虑明天"。[1]这是纯粹的快乐原则。

现实又是怎样的呢?

皮埃尔·拉鲁斯在他的辞典中讲到,塞壬的故事有一个完全合理的背景:与行走在沙漠中的旅人最后出现幻觉、想象沙丘中存在绿洲一样,在风暴中迷路的水手也自以为听见了歌声,幻想歌声会指引他前往避风港。这些只不过是幻觉。之后,船只搁浅,水手深陷绝境。

如果没有能在必要时进行干涉的超我和"自我保存原则",快乐原则最终就可能会威胁到我们的生存。现实原则似乎与快乐原则相对立,它意在延迟满足,阻挡我们获得快乐,有时甚至会引发漫长的迂回,甚至暂时的不悦。[2]但我们绝不能止于表象。现实原则与快乐原则并不冲突,相反,现实原则让快乐原则能够长久存在。根据自我保存需求的不同,它会按紧急程度安排满足各类需求的先后顺序。若没有现实原则规律性地调节干预,我们可能真的会死于快乐。快乐地死去不是能被自我接受的风险。如果没有自我保存原则和现实原则的介入,我们或许会愿意冒着死亡的危险寻求快乐。这正是《奥德赛》中水手的命运:为塞壬的魅力殒命。幸好在大多数情况下,自我就在那里,"痛苦的感觉被它当作报警信号,用以告

---

1 引自《精神分析纲要》。
2 引自《超越快乐原则》。

知自我一切威胁到它完整性的危险"[1]。

在幻想的游戏中,"有千条妙计"的奥德修斯会拥有他人无法匹敌的资源。他是如何做到这一点的?

喀耳刻将办法告诉枕边的奥德修斯,这让他就算听见塞壬之歌,也不会偏离原本计划的航路。

计划分两步实施。奥德修斯先将蜡分发给船员,让他们各自做成耳塞,这样除了没有佩戴耳塞的奥德修斯本人,船员中就没有人能听见塞壬的诅咒之歌了。

接着,奥德修斯命令船员先把他牢牢地绑在桅杆上,再回去干活儿。塞壬们一看到船驶来,就开始齐声合唱甜美得令人难以置信的歌曲。

奥德修斯当然被诱惑了,他甚至叫人解开绳子,想一遍又一遍地听她们歌唱。词曲的魔力和动听的歌声让奥德修斯融化其中。

但两名耳朵里塞了耳塞的水手跑过来,扎紧了把奥德修斯绑在桅杆上的绳子。

船平安通过,继续向着目的地伊塔刻前进。

船后面是累累白骨,那些未做任何防护措施、醉心于塞壬之歌的船员都命丧于此。现在,水手们终于能取下耳塞,为奥德修斯松绑。全员平安。

---

[1] 引自《精神分析纲要》。

○ **控制快乐**

文明的更迭或许只是人类逐渐摆脱动物性的漫长过程，教育需要不断重复。为了不彻底屈服于诱惑，奥德修斯让别人把自己绑了起来。阿佛洛狄忒和阿瑞斯没做任何要求，但屈服于彼时文化中鲜少有人尝试的禁忌快感。和奥德修斯一样，他们也被绑缚起来，尽管他们并不情愿。无论我们是否愿意，希腊神话已经告诉我们，文化是一条纽带。快乐只想按自己的意愿行事，它对文明和礼节的要求嗤之以鼻。无意识的冲动是为了即时满足欲望，而不是承担责任。

政治游行打出的标语有时正好能体现这一点。1968年，"五月风暴"中的无政府主义口号就直接从无意识中汲取了灵感，欲望的自由与法律的约束相对抗。无意识象征着反抗资产阶级的束缚，获得自由。1968年，人们高喊着"尽情享受吧"，也发出"为何等待？"的疑问，当然还提倡"及时行乐"。法国陷入罢工潮。中学生享受着突如其来的春假，畅想美好的明天，"成年人"却斥责道："先通过毕业考试再说吧。"

意识和无意识之间不断演化的斗争是文化和文明的基础，它不仅发生在奥德修斯身上，也发生在我们每一个人身上。无意识不可能被驯服，那么我们能够衡量它的力量和重要性吗？为了能让个体在两者之间取得平衡，或许我们不应过分忽视无意识，反而应该让它在我们的生命之中占有一席之地？我们力图在快乐原则和现实原则之间寻求平衡，而这需要我们不停地协调两者的关系，因为这不是在对立的两方中选择其一就能解决的问题。我们努力将刻度尺置于两者之间，以平衡紧张的状态，不管是动态的紧张关系还是创造性的立场。有影响积极的压力，也有良性的紧张状态。

面对塞壬，奥德修斯找到了在享受歌声的同时又不远离文明的办法，因为他有一个目标，那就是回到家人身边（即便他有时会忘记，或者至少是推迟实现这个目标）。

死亡蕴于生命之中

10年战争加上10年归途，奥德修斯离家长达20年之久。这一路上，他差点儿忘了自己的身份，忘了凡人注定要与其他凡人生活在一起。他差点儿就能拥有不死之身，在远离俗世的地方隐居。

他为何选择回到凡人世界？为何更愿意活成一位英雄并接受死亡？这就得说说他在一次海难后遇到卡吕普索的故事了。

这不是奥德修斯第一次遭遇海难，当然也不会是最后一次。一场剧烈的风暴裹挟着他，把他带向一座小岛。小岛位于地中海最西端，对希腊人而言，那里是世界的尽头，因为小岛的后面什么也没有。卡吕普索是一位年轻貌美的女神，独自生活在岛上。长生不老的她劝奥德修斯留下来，他照做了，一住就是7年。

生活美满，佳肴相伴，女神的床榻更是诱人。7年里，两人甚至生育了两个孩子，毕竟奥德修斯休息的时间有那么长。

卡吕普索钟情于这个男人。一天，她想试试运气，就提出赐予奥德修斯不死之身。作为交换，奥德修斯必须承诺永远陪在她的身边。

○ **找到固着物**

"力比多",即"欲望"的另一种说法,具有流动性,可以从一个对象转移到另一个对象,可以被超我引向升华的目标。它有时也会固着在特定的对象上,弗洛伊德用"固着"一词解释力比多的这种特殊状态,现在这个词已经进入了日常生活。"我爱你,这和你有什么关系吗?"爱情,即便是单方面的爱情,之所以能够长期存在,有时要归功于力比多的固着能力。

奥德修斯的选择

奥德修斯拒绝了卡吕普索。现在,他觉得自己是个囚犯。他又想起阔别已久的伊塔刻,不禁热泪盈眶。他最后被宙斯解救。宙斯派信使赫尔墨斯找到卡吕普索,劝女神放了奥德修斯。"别再拖着他了。"面对奥林匹斯之主的命令,卡吕普索只得遵从。

拖慢奥德修斯脚步的并非诸神设下的障碍,而是他在美丽的卡吕普索身边度过的年月。起初,卡吕普索的确把奥德修斯当作囚徒"圈禁"起来,但奥德修斯很快就品尝到了与青春永驻的女神同床共枕、共同生活的快乐。他在责任意识(必须返回伊塔刻)和与美丽的女神度过长久的甜蜜生活间犹豫不决。他表现得像囚徒,却明知自己不是。当他终于厌倦了在地中海尽头的孤岛上与女神终日相伴、与世隔绝的生活时,卡吕普索放他离开了。

> **关键词** **宙斯**
>
> 索福克勒斯曾写道:"如果宙斯玩骰子,他一定会赢。"他为什么会这么说?因为希腊诸神并非常人,而是力量的化身。[1] 宙斯位居奥林匹斯诸神之首,他同时代表了最旺盛的欲望力量和最强大的律法力量(只依附于话语)。宙斯将自己一半的时间用来欺骗妻子赫拉:欲望的力量不可阻挡。弗洛伊德将冲动视为滋养不竭欲望的热力机器的产物。宙斯的另一半时间用来决断:他用智慧的话语平息纷争,使公正的秩序在众神和凡人之间延续。他掌控的闪电和雷击只是语言失效时的求助手段,就像必要时司法也会借助警察的力量。在弗洛伊德看来,语言非常重要:精神分析的第一个阶段被称为"谈话疗法"。

○ 被囚禁者还是依附者?

和奥德修斯一样,我们会因缺乏勇气或决心而被自己囚禁。与其说是囚徒,我们更像是依附者。生活中,阻碍我们前进的不是外部的锁链和桎梏,而是我们面对自以为不可克服的困难(此处指的困难显然不是被挟持为人质)时的退缩。

受虐狂会在(明显的)约束中寻找快乐,奥德修斯自愿被囚禁

---

[1] 引自《古希腊神话与宗教》(*Mythe et religion en Grèce ancienne*),让-皮埃尔·韦尔南著。

在奥杰吉厄岛，驱动这两种行为出现的是极其相似的心理状态。受虐狂的性幻想与奥德修斯任由卡吕普索圈禁的心理结构相同。奥德修斯以"被迫"为名，放任自己耽于被意识抗拒的事情。而在受虐狂身处的情境中，他们"被迫"沉沦于遭到自己意识拒绝的性游戏，所以他们不必对发生的事情负责。他们之所以能感受到快乐，就是因为不用承担责任。多亏这一点，受虐狂得以体验他内心深处渴望体验的事情，而不用鼓起勇气向自己坦承真实想法。

奥德修斯在卡吕普索那里生活了很长时间，体验了有意识的目标和无意识的欲望之间的分裂。他在两者之间徘徊犹疑，时而偏向一边，时而偏向另一边。在这段漫长的插曲中，奥德修斯学会了（打着被约束的幌子）尽情释放欲望，学会了利用一切可能的情况满足性欲望，却不至于偏离原先自己设定的目标太长时间：他要回归身为伊塔刻人民最高统治者的社会生活。重返伊塔刻就意味着回到珀涅罗珀身边。奥德修斯离开了卡吕普索（性、只有性、大量的性），与珀涅罗珀重逢（少量的性，更多的是家庭和权力）。他升华了欲望，用更有社会价值的目标代替了性本能的倾向。[1] 奥德修斯选择了与皮格马利翁相反的道路（见第十八章）。

现在，我们必须以身在希腊的 40 岁女性视角补充一些信息。珀涅罗珀一直在等待奥德修斯，先是特洛伊战争的 10 年，再是他在地中海上漂流的 10 年。奥德修斯离开时，忒勒玛科斯还是个婴孩，而如今他已经长成 20 多岁的年轻人。珀涅罗珀也年届四十，在文

---

[1] 引自《精神分析五讲》。

学作品中常被描绘成一位老妇人。

《奥德修斯》向我们展现了主人公两次使用计谋,在欲望和责任之间取得平衡的故事:一次是面对塞壬,另一次是面对卡吕普索。

当喀耳刻警告奥德修斯塞壬之歌充满危险的时候,奥德修斯就在快乐原则和现实原则之间做出了必要的妥协。

神话有时的确与梦境如出一辙,塞壬事件的发展就恍若一梦。我们的肌肉会在夜晚松弛下来,我们梦到自己在走路的时候,身体其实纹丝不动。同样,奥德修斯任由内在的力量奔涌,迫使他喊人为自己松绑。他无法移动,被绑在桅杆上,就像做梦者被固定在床上。奥德修斯最后会快乐地醒来。

总之,无论是聆听塞壬之歌还是接近富有魅力的卡吕普索,都要冒极大的风险:以快乐原则为名,冒着死亡的风险,除非我们懂得如何在不同层次的人格之间取得平衡。奥德修斯证明自己可以掌控这类威胁,无论面对的是塞壬还是卡吕普索。

第七章

阿尔克墨涅与宙斯的爱欲长夜：梦如何满足欲望？

> 我常做这个梦，奇怪又摄人心魄。
> 一位陌生的女人，我爱她，她也爱我。
> 每一次，她在梦中并不总是完全相同，
> 却也不完全是另一个人，她爱着我，理解我。
>
> ——保尔·魏尔伦（Paul Verlaine）

赫拉克勒斯的一生本身就是一部会被收藏在抽屉里的恢宏神话：36个小时的孕育之夜、出生的白天、饱受艰险的一生、12项需要完成的任务、死亡。来源不同的神话故事拼合在一起，曲折的情节足以写满一整本书。在这里，我们只关注那个孕育他的漫长爱欲之夜。

○ 军事征服和爱情征服

赫拉克勒斯的母亲年轻而端庄，来自富庶的迈锡尼，是国王之女，非常美丽，容貌和身材远在众人之上，还有着出众的精神品质。这些都是赫西俄德告诉我们的，此外，他还补充道："她的额头，她纯净的深蓝双眸，无不流露出可爱的阿佛洛狄忒的神采。"[1]

关键词 阿佛洛狄忒

"爱情是流浪的孩子，它从不，从不遵守任何法则。"这句话出自比才的《卡门》概括出阿佛洛狄忒的力量——在诱惑的道路上颠覆一切已有的权力。

法律和超我会使我们免遭过度行为带来的连锁反应，阿佛洛狄忒却不受它们的控制。被流放于远离城邦郊野的特洛伊王子帕里斯选择了阿佛洛狄忒，这犹如蝴蝶颤动翅膀，在千百公里外掀起风暴：他引发了一场战争（《伊利亚特》）。

---

[1] 引自《赫拉克勒斯之盾笺释》，赫西俄德著。

> 弗洛伊德重新阐释了这种风险,并给出了解决方案。两股相互对抗的力量在我们每个人身上共存:肉欲之爱代表的结合的力量,以及死亡(塔纳托斯)代表的分离的力量。对弗洛伊德与荷马来说,解决方法之一藏在节制之中,藏在将这些力量联系在一起、让它们尽可能被意识到的能力之中。否则,"过度的爱将扼杀爱"。

可爱的阿尔克墨涅是一个被象征着肉体欢爱的女神奉献给爱情的年轻女人。然而,她一直是一位年轻而贞洁的妻子,贞洁到拒绝另一半靠近自己的床榻。

尽管如此,婚礼之前发生的事情仍然值得一提。

她的父亲,迈锡尼的国王,有九个孩子,她是其中唯一的女孩。由此看来,迈锡尼王国似乎用不着担心没人继承王位,但这八位王子都没能活下来。在阿尔克墨涅年纪尚小的时候,她的八个兄弟死于王位纷争。当时国王和他的兄弟们争斗不休,每个人都声称自己占有一部分领土。迈锡尼王位的争夺者都贪得无厌,他们还争抢国王规模庞大的牲畜群,作为对自己的补偿。

于是,国王出征讨伐他那些贪婪的亲戚,为死去的儿子们报仇。他事先将摄政权授予侄子安菲特律翁和女儿阿尔克墨涅。国王许诺,一旦复仇完成,就为两人举行婚礼,这也意味着王位后继有人。但他也要求安菲特律翁在此期间保证女儿的贞洁。

国王出发征战,但没能凯旋。杀死他的不是敌人,而是亲侄子安菲特律翁。在稍微激烈一点儿的争执中,经常会出现这类误伤。

他们在邻国找到了迈锡尼的牲畜群，邻国国王同意，只要付一笔赎金，就能把它们带走。侄子准备付钱，国王却不愿意。生气的侄子将手中的棍棒扔向一头远离畜群的牛，棍棒却在击中牛角之后反弹回来，砸死了国王。

侄子遭到放逐，也带走了国王承诺给他的新娘。阿尔克墨涅就这样嫁给了安菲特律翁。故事开始了：阿尔克墨涅不得不跟随安菲特律翁一起踏上放逐之路。

夫妇二人逃亡到底比斯，但他们的生活模式完全不像夫妻：安菲特律翁无法接近阿尔克墨涅的卧榻，因为他还未能替妻子那八位贵族兄弟复仇，未能让攻打迈锡尼的侵略者的国家"为烈焰所吞噬"，化为一片荒芜。安菲特律翁不能违背自己向国王许下的诺言：在为八位兄弟报仇雪恨之前，保证妻子阿尔克墨涅的贞洁。

为此，安菲特律翁东奔西走，最后终于让底比斯国王克瑞翁答应借给他一支军队，其他来自雅典、弗凯亚等地的队伍也都向他施以援手。安菲特律翁出发征战，最终战胜了侵略迈锡尼的敌人，收复了失地，甚至将岛屿赠给他那些来自雅典和弗凯亚的盟友。战争结束后，大家相互告别，心满意足地踏上返程。

在获得胜利的这一天，安菲特律翁因两件事而感到高兴：他不仅成了身负战功的战士，还即将成为名副其实的丈夫。

○ **在战场如在床**

之前，由于没有在战争中获胜，安菲特律翁被妻子抗拒了很长时间。要求很明确：如果你无法证明自己有能力在战场上获胜，就不能在婚床上肆意妄为。"在床如在战场。"

这句话也可以颠倒一下，变成"在战场如在床"。换句话说，男性的性行为往往是他在现实世界中其他行为模式的原型。"精力旺盛地征服性对象的男性，展示出他在追逐其他目标时也怀有同样坚定的力量。"[1] 弗洛伊德由此表达出这些行为的同质性。尽管存在道德禁令，性也不能与其他行为分割。"征服"一词具有军事和爱情方面的双重含义。

长夜漫漫

与此同时，他的妻子阿尔克墨涅正焦急地等他归来。胜利之师返回，人数太多，军队行进得很慢，先行的使者向阿尔克墨涅宣布了胜利的消息。阿尔克墨涅也因两件事而感到快乐：她复了仇，也将成为一位妻子。使者还告诉她，安菲特律翁策马扬鞭，领先于大部队，不日就会抵达。阿尔克墨涅为圆房做起了准备。

宙斯为了接近阿尔克墨涅耍了一个花招。他一直渴望阿尔克墨涅，这位脚踝纤细的美人。于是，他伪装起来，化作她正等待着、欲望着的丈夫。看见自己的丈夫突然出现在眼前，阿尔克墨涅惊讶不已。无所不知的宙斯向她讲述着战斗中发生的一切，讲起"自己"为她的兄弟们复仇的过程。他一口气讲到最后的胜利，当然还有他的欲望。

---

[1] 引自《"文明的"性道德与现代人的神经症》。

他把心急难耐的阿尔克墨涅带上婚床。她献身给宙斯，一切如梦似幻。那一夜漫长无边，是尘世历史上最漫长的爱欲之夜之一。为此，宙斯做了不少准备：他派信使赫尔墨斯去见诸神。赫尔墨斯先去见了太阳神，要求他做三件事：熄灭光明；为他每天早晨巡视天空所乘的日辇卸套；第二天待在家里不要外出。接着赫尔墨斯去见了月神，要求她延长在天空停留的时间。最后，赫尔墨斯找到睡神，请他让人类陷入最深沉的睡梦中，这样就没人知道在此期间发生了什么。他们纵情欢愉了将近两天的时间。阿尔克墨涅虽然一直欲望着自己的丈夫，但她克制住了自己的冲动，有意识地关闭了欲望之门，一直以孝顺的名义节制自居。那一天是感官回归的日子，是纵享爱欲的夜晚。

　　最后，心满意足又筋疲力尽的阿尔克墨涅沉沉睡去。

　　日出之时，宙斯回到了奥林匹斯山。

　　此时，真正的安菲特律翁回来了。

　　他一路跑到家门口，没有绕一点儿弯路，也没有放慢胜利者的脚步，毕竟获胜的战士通常会被兴奋的人群紧紧抓住。

　　妻子看见他毫不惊讶，她只是继续表达自己的喜悦和幸福之情，以及对两天之前就已经知晓的成功复仇的感激。丈夫将她引上婚床，她毫不胆怯，似乎已对肉体之爱了如指掌。

　　9个月之后，他们的孩子出生了。

　　实际上，这是一对双胞胎，孕育时间相差几小时，有着不同的父亲。一个是凡人，另一个则是半人半神的赫拉克勒斯。赫拉克勒斯的父亲宙斯无法让他逃脱波折的一生，因为宙斯受骗的妻子赫拉愤怒不已。这个男孩之后不得不完成一系列挑战和任务，而这将为他赢得流传后世的声名。为了纪念赫拉，他被称为赫拉克勒斯，意为"赫拉的荣光"。

○ 无意识不懂时间为何物

这则神话首先向我们表明，对无意识而言，时间是不存在的。如果做梦者那被创造性活动占据的无意识愿意，那么他的夜晚可以比一般的夜晚长上许多。当无意识占得上风，时间就会停止。在梦中，一切皆有可能。漠视现实是无意识的主要特征，甚至时间，这个与空间共同组成现实的两个重要维度的要素，也要屈服于无意识的欲望。萨尔瓦多·达利创作过柔软的时钟，这幅画正体现出无意识对普通钟表可以度量的时间的漠视。

○ 梦是短暂的精神错乱

"所有的夸张、所有形成的妄想、所有的感知错误都表明梦是一种精神错乱，持续时间很短的精神错乱。诚然，在这段时间里，它是无害的，甚至是有用的。做梦的主体接受这种精神错乱，也可以自主地为它画上句号。"[1] 在这种错乱中我们会与现实脱离，就好像在这个爱欲之夜的故事中，所有感受性失误都暗示着主体正处于酣梦之中。

接着，这个神话向我们展示梦的任务。

---
1 引自《精神分析纲要》。

此处，作为欲望的实现，梦以最辉煌的姿态出现。几乎没有比这个故事更清楚明白的例子了。阿尔克墨涅被誓言约束，一直保持贞洁，但这是她的意愿还是她父亲的意愿？阿尔克墨涅美丽可人，阿佛洛狄忒让她充满魅力和欲望。宙斯的出现只是一场梦，占据了丈夫归来前的时间，而她本该为了与日常生活毫不相关的原因推迟与丈夫圆房的时间。阿尔克墨涅提前沉浸于自己期待已久的甜蜜时刻。相比于在现实世界中等待征战数月的丈夫从战场上赶来，梦中的欢愉显得尤为漫长。夜晚的梦（或者说性幻想？）让年轻的女人提前满足了与丈夫结合的欲望。[1]

还有一点能强有力地表明这是一个梦境：年轻的女人在几小时内连续受孕两次，先是与神，再是与自己的丈夫。希腊人很清楚，这在现实世界中根本不可能发生。相反，一旦我们承认这是一场梦，自然就有了解释。梦和神话在此处的运作方式相同。梦的任务包括使其潜在内容变形，有时甚至会把它们变得异常晦涩，而与此相对的是，对梦的分析和解释就是为了弄明白潜藏在梦的表象之下的想法。

最后，这则神话可能还表明，快乐对生育而言具有重要意义：在疯狂的爱欲之夜创造出的孩子，要比毫无激情、毫无欲望、毫不快乐的结合生出的孩子更强大。赫拉克勒斯的无穷力量证明了这个流传千古的真理。

---

[1] 引自《精神分析纲要》。

第八章

西西弗斯的巨石：为何放弃童年之梦以后才能成年？

智者能从敌人身上学到很多东西。

——阿里斯托芬（Aristophanes）

○ **人的处境**

长大，意味着放弃梦想吗？

长大，意味着放弃最重要的梦——不停生长，直到长成巨人吗？

成年似乎就意味着理解无度生长的荒谬之处，同时又确切地知晓，自己尚未达到梦想中的身材。

成年意味着放弃，意味着认识到自己无法比肩历史上伟大的英雄，接受自己无法成为超人的事实。

成长意味着接受自己的渺小，接受自己作为人的处境：受限、卑微、谦逊、平庸且甚少光彩。可以说我们变得理智了吗？其实比这还好一些。可是，这该如何实现呢？

苦役大礼包

奥林匹斯山上有罪犯，却没有监狱。天堂的诸多特征之一，就是没有集中看管遭社会弃绝之人的地方。但别高兴得太早，我们得做好堕入地狱的准备。

比收监更严酷的是完全加诸个人的惩罚。由于神的世界中无度的情况比比皆是，我们得尽可能地设想最坏的情况。

会比被关在囚室里还糟糕吗？当然。在囚室里至少还能享受一点儿自由，可以坐下来，也可以睡一觉、做个梦。比坐牢更可怕的是彻底剥夺个体自由的苦役大礼包，是被绑缚在露天的空地里接受惩罚……要么是无休无止的强迫性劳动，要么是遭受永恒的折磨。

西西弗斯就是这极刑俱乐部中的一员，这些被遗弃的人会经受可怕的虐待：刑罚完全为个人定制，经过周密的计算，力图尽最大可能让受刑者感到痛苦。这个非常封闭的超级罪犯俱乐部的成员还有普罗米修斯、坦塔洛斯和达那伊得斯姐妹等人。

○ **刑罚的升级**

最残忍的酷刑是为最有野心的人准备的。

长大的欲望与他人、律法和现实强加的限制相互搏斗。在这场野蛮的生命能量和律法的斗争中，哪一方将在诸神的天堂里占据上风？在本我与超我的斗争中，显然律法是获胜的一方，西西弗斯就是明证。

西西弗斯被判下地狱，被迫接受服苦役的刑罚。他因挑衅了神而受此惩罚，这也使他的名字流传至今。

西西弗斯认为自己无所不能。

的确，他如狐狸一般机敏，这使他在生活中受益颇多。他称得上最狡猾的凡人，甚至敢于藐视神灵。

灵活的头脑能让一个人走得很远，但西西弗斯走得太远了。

被揭穿的小偷

人们认为西西弗斯是《伊利亚特》和《奥德赛》中的英雄奥德修斯的父亲。奥德修斯被誉为"有千条妙计的人"，是最狡诈的英雄之子。我们还会在后文提到这位继承了西西弗斯天赋的著名人物。

可是，奥德修斯怎么会是西西弗斯的儿子呢？《奥德赛》不是告诉我们,他的父亲是伊塔刻国王拉厄尔忒斯吗?不是说,是拉厄尔忒斯生前将王位传给了自己的儿子吗?奥德修斯经过漫长旅程之后重返伊塔刻,见到的老人不也正是他吗?现在说他不是奥德修斯的生父,怎么会这样呢?

的确,奥德修斯有一位官方承认的父亲,而且他的父亲娶了一位希腊美人。和其他时代一样,那时的人们也非常看重女性的忠贞,不会拿它开玩笑(想必你还记得,特洛伊战争源于海伦的"不忠",无论这种不忠是否出于本人自愿)。那么,为什么我们会说西西弗斯才是奥德修斯的父亲呢?究竟发生了什么?这是一个"水浇园丁[1],小偷遭窃"式的故事。

富有的西西弗斯牲畜众多,有一天却遭人偷窃。他很快锁定了嫌疑人,并千方百计地去他家拜访。西西弗斯掌握了一项可以揭穿他的铁证:他抬起每头牲口的蹄子查看,发现上面有他统一打上的标志。西西弗斯不仅狡诈,还有先见之明。小偷就这样被揭穿了。

西西弗斯并不满足于揭穿小偷,他还用自己的方式寻求正义。他化作窃贼,反过来去小偷家偷盗。找回自己的牲畜后,第二天夜里,他又来到小偷家,发现小偷年轻貌美的女儿刚与伊塔刻未来的国王拉厄尔忒斯订婚。是夜,西西弗斯成了年轻女孩的情人,女孩也在那一夜成了未来奥德修斯的母亲。拉厄尔忒斯一生都以为自己是奥德修斯的生父,众人亦然。然而,奥德修斯真正的父亲是西西弗斯,

---

[1] 出自电影《水浇园丁》(*L'Arroseur arosé*),一个正在浇花的园丁因小男孩的恶作剧而被浇了一身水。——译者注

一个谨慎的采花大盗,准新娘秘密的一夜情人。

但这还不是西西弗斯最狡猾的手段。他遭到永恒惩罚的原因众说纷纭,不同版本的神话对这件事的记录各不相同,这取决于相关神灵的耐心程度。西西弗斯希望自己能变得像神一样强大,他挑衅了神的帝国,也将为此付出高昂的代价。

抓贼的窃贼

我们已经见识到西西弗斯如何为自己伸张正义,如何在窃贼的家里获得补偿。但他没有止步于此,也不满足于只为自己伸张正义。他还揭发了其他小偷。

有一天,他识破了另一个采花大盗——宙斯。西西弗斯认出了宙斯,像他这般诡计多端,自然知道如何识别嫌犯。问题是,他这次揭穿的人是奥林匹斯山的主宰。诚然,宙斯四处留情、不可救药,但他知道如何乔装,不被别人认出来。他变成公牛"带走"了欧罗巴,还化身天鹅"引诱"勒达,甚至扮作一个女孩阔别已久的丈夫,让她生下了孩子赫拉克勒斯(见第七章)。赫拉克勒斯因此受到宙斯妻子的缠扰,作为对宙斯不忠的报复,他被迫经受了著名的"赫拉克勒斯试炼"。

简而言之,想在光天化日之下戳穿众神之王绝无可能。

然而,宙斯在勾引河神之女埃癸娜的时候,被与自己同为一丘之貉的西西弗斯识破了。西西弗斯身为一介凡人,竟敢戳穿宙斯的秘密、挑衅宙斯,简直令人难以置信。

河神十分在意女儿。发现女儿失踪之后,他勃然大怒,四处搜寻。西西弗斯向他指出了凶手。没错,劫走埃癸娜的正是宙斯。为了接近她,宙斯把自己包裹在一团火焰中。

然而宙斯决定将埃癸娜掳走,他要摆脱女孩那怒气冲冲的父亲的追逐(希腊城邦有着悠久、牢固的父权传统)。宙斯将女孩变成一座岛,这便是同名的岛屿和海峡在神话中的起源,我们现在还可以在地图上找到它们。

女孩消失了,但西西弗斯没有。他的错误很严重:他揭穿了宙斯。这会立刻为他招致非同寻常的报复。"以眼还眼,以牙还牙"其实已经很有分寸了,不是吗?因为眼对眼、牙对牙,所受之刑与所犯之罪等同,不存在无度之说。但在希腊诸神的世界里,惩罚应该比罪行恶劣上百倍。最可怕的是,他们定罪、判刑不需要传唤任何人。这里没有监狱,没有绝对的公正,更没有审慎的法庭。

欺骗死神

一开始,宙斯派死神寻找西西弗斯,然而西西弗斯设法骗过了死神,成功躲过一劫。他把死神绑了起来,让死神动弹不得,如此一来,世界上就再也没有人会死去。见到这种情形,众神派战神下界,拯救死神。

但西西弗斯依然我行我素,欺骗众神。过了一段时间,他预感自己大势已去,嘱咐妻子把他的尸体扔到广场上,不要埋葬。妻子答应了他的奇怪请求。就这样,由于妻子的"过错",西西弗斯死后没有被下葬。在希腊，让他人不得安葬是一个人能犯下的最严重的错误之一（参见第十六章有关安提戈涅的故事）。西西弗斯死后来到冥界，要求冥王哈迪斯准许他返回人间，好惩罚自己的妻子。冥王答应了，但要求他事成之后立刻返回。西西弗斯重新获得了生命，"忘记了"他对冥王的承诺，继续快乐地与妻子生活在一起，直到寿终正寝。在另一个版本的故事中，神灵又来捉拿他，让他的好日子戛然而止。他又被投入冥府，因为他失信于冥王哈迪斯。

重要的是，西西弗斯最终受到了非常严厉的惩罚，因为他为延续寿命不惜欺瞒神灵，并且不断在由神统辖的土地上挑衅他们。这些年来，他一直对诸神的命令置若罔闻，更试图与神比肩，一有机会就去戏弄神。他受到的刑罚使他一刻不得闲，丝毫不能分心，也没有任何逃脱的机会。这种惩罚使他在冥府无法再为非作歹，欺骗他人。他将永远忙于一项工作。他会被迫无休止地劳动，推动永远不会停止滚动的巨石。

最终，西西弗斯梦想进入的那个毫无节制的世界审判了他。他不得不一遍又一遍艰难地将巨石推向山顶，因为每次巨石刚抵达山顶，就又会滚落回平地上，让他只能重新开始。"汗水从他的四肢上淌下，他头顶的尘埃如旋风般升腾。"（《奥德赛》）

○ **现实原则**

关于西西弗斯的神话有着怎样的意义呢？它主要告诉了我们两点。

首先，这是一个关于谦卑的故事。想攀至高峰却不得其所，就相当于想要活命却以身犯险，都只是做梦罢了。每个人都受到地球引力的作用，自以为能从中逃脱没有任何意义。这种梦想，或者说幻想，会让我们深陷坠落的危机（参见第九章有关伊卡洛斯的故事）。每个人都会死亡，想摆脱死亡无异于痴人说梦。

其次，我们也受到权力等级制度的束缚。因此，最好根据自己的能力调整目标，不要追逐那些不切实际的愿望，正如俗话说，不要眼高手低。我们应当意识到，只有确保自己失败后能免遭惩罚，才能去挑战权威。西西弗斯张扬的挑战注定失败，因为他的行为不仅违背了现实，也违背了自然规律和社会法则。

在这场并非势均力敌的斗争中，结局不会与我们料想的有所不同。神的世界和人的世界有着相同的运行方式，都需要遵守规则。

不要太快跳入注定会输的斗争，挑战不可能会让自己付出沉重的代价。幻想挑战众神之首的英雄以悲剧收场，昭示着人类梦想挑战神灵会有何种结局。与我们最接近的是，试图挑战自然规律、摆脱人类法则的孩童之梦势必与现实发生冲撞。作用于我们生命的并非只有快乐原则，现实原则也与之交叠，向我们身上施加它的规则，却有悖于我们的幻梦。我们应当让梦想适应现实，纵然这是一个奇怪的悖论，但它却有成效。就像诗人有云："爱你所拥有的。"

○ 应当想象西西弗斯是幸福的

故事想告诉我们的第二个道理更隐秘，也更可能激起反感情绪，因为它比之前"人注定生而痛苦"的简单道德说教影响更深。上文的第一点提到的不过是人类不幸的命运，我们被判处"欲望你所拥有的"。谦逊的品德为欲望设定了边界,这与"努力实现梦想"或"重视你的欲望,想办法满足它"之类的口号相抵触。向命运低头是无能者的道德吗?精神阉割是我们的归宿吗?

并非全然如此。

但是,该如何摆脱让我们陷入悲惨命运的现实陷阱呢?

其实有一个办法,但它不合常情。

"应当想象西西弗斯是幸福的。"这句话写于第二次世界大战最激烈的时期,总结了当时人类的境况。这句话本该出自精神分析学家之手,但写下它的是一位哲学家,出自一本小书《西西弗斯神话》,他就是阿尔贝·加缪。加缪不仅因积极参与"二战"抵抗运动而为人所知,还因之后自由的言论、小说、荒诞剧而闻名于世。他还是1957年诺贝尔文学奖的获得者。

加缪告诉我们,世界是荒诞的,失败是可能的。失败往往发生在行动的最后一刻。巨石一到高处便会滚下去,这就很好地诠释了我们生活的世界。那么,疲于奔命有什么好处呢?反正我们注定会失败,不如现在就放弃。

不,千万不要垂下双臂。不要放弃,不要让现实的巨石静止在山脚,不要躺平等死。的确,巨石一到山顶就会滚落,这甚至很有可能发生在现实生活中。但不要放弃,站着死总比躺着活好!我们仍然需要努力,需要不断重新开始,承认失败是行动的常态,承认任务的艰巨,承认历史的前进方向或许不会因为我们的出现而改变一分一毫。

○ **既然如此，为何还要行动？**

有两个理由。

第一个理由是，因为幸福筑于当下，而且推动巨石的我们并不孤独。奇迹之夜不会出现，但这根本不重要。收获幸福不需要漫长的等待，幸福就在那里，日复一日，存在于每一个瞬间。所有动起身来、用微弱的力量推动巨石的人都能触及。他们在努力构筑日后的幸福时就已经创造了即时的幸福，而在那之前，他们已经遇到了同样在推动巨石的同胞。对他们而言，幸福就在他们身边。

加缪告诉我们，人类的境况是荒诞的，可那又如何呢？他本人也以一种荒诞的方式死去了。当时，加缪准备乘火车前往巴黎，车票装在口袋里，他在去火车站的路上遇到了他的出版商。出版商邀请他搭自己的车，对他说："我们讨论一下，很快就好。"结果车子撞上了梧桐树。加缪死的时候，车票还在口袋里。

但第二个理由是，世界是运动的。哪怕世界的运动只在毫厘之间，也让我们动起来吧。

加缪之死还有后续，但那是在很久之后了。人们在他的口袋里发现了一份未出版的手稿，尚未完成。40年后，手稿发表，为数百万读者带去了数小时幸福的阅读时光。荒诞吗？加缪的一生，他的文字、他的斗争、他的作品（小说或文章）对我们而言是永恒的（在人类的维度内）。这就是他传递给我们的信息。不能因为能力有限就放任自流，不能因为理想无法实现就放弃努力。因此，假定的精神阉割已经过时了。全部人类的境况都存在于这个悖论中。

○ **不合逻辑的王国**

"无意识不受逻辑思维规则的约束。"[1]

无意识无视矛盾的存在（矛盾可以毫无障碍地共存），在它的支持下，我们无法想象自己的死亡。

然而，我们应当思考自己的死亡。无意识无法使我们永生，但它可能会让我们更加尊重生命，首先是我们自己的生命，再是他人的生命。

古语"如果你想要和平，请先为战争做好准备"（Si vis pacem, para bellum），反映了朴素的现实主义。弗洛伊德将这句名言改编为"如果你想活，请做好死的准备"（Si vis vitam, para mortem），更适用于生命本身。这句话还有一种优美的译法："如果想承受生命，就请准备好接受死亡。"（Si tu veux pouvoir supporter la vie, sois prêt à accepter ta mort.）[2]

---

1 引自《精神分析纲要》。
2 引自《目前对战争与死亡的看法》。

第九章

在父亲面前坠落的伊卡洛斯：为何家族会影响儿童的未来？

一个人的真实，首先在于他隐瞒的东西。

——安德烈·马尔罗（André Malraux）

伊卡洛斯的悲剧结局尽人皆知：翅膀散落，坠入大海。狂妄的儿子在父亲眼前溺水而死。然而，他的悲剧是一连串错误导致的结果：父亲先前犯下的过错转嫁给他，本该父亲遭受的惩罚也由他代为受过。无论好坏，这充分体现了代际间的联系。这个神话看起来是关于飞行失控的故事，但在此之先，这是一个有关不知悔改的罪犯出逃的故事，是一个父亲犯下的罪行报应在自己儿子身上的故事。

为怪兽建造迷宫

宙斯对女性充满欲望，是个十足的花花公子。为了欺骗赫拉，他再次改头换面，化身公牛勾引欧罗巴。为博美人一笑，也为了把她劫走，宙斯让年轻的姑娘骑在自己的背上，转瞬之间就带她来到了克里特岛。这座岛盛载着宙斯的回忆，为了不让暴虐的父亲知道他的存在，他被偷偷寄养在岛上，在此度过了童年时光（见第二章）。

宙斯将欧罗巴安置在岛上，经常去探望她。尽管两人的爱情不合法，但仍孕育了三个孩子。米诺斯是其中之一，日后他将成为传奇的国王。欧罗巴最终嫁给了克里特岛的国王阿斯忒里翁，国王认养了她的三个儿子。国王死后，米诺斯承袭了继父的王位。

米诺斯成了克里特岛的新王，但他的爱情之路不太顺利。他的妻子帕西法厄出轨了，出轨对象还是一头公牛！这真是命中注定。米诺斯的母亲被扮作公牛的宙斯勾引走，如今，他的妻子也钟情于一头公牛。

但实际上，王后帕西法厄是丈夫错误的间接受害者，这要追溯到米诺斯在海神的帮助下获得王位的故事。他曾在海滩上对竞争对手们言之凿凿地说，自己受海神的庇佑。作为对米诺斯话语的肯定，海神派白色神牛从海浪中显现，震慑了他的对手们。事成之后，公牛本该被祭献给神，以示感谢，米诺斯却留下了牛，还将它养在牛群里。为了报复米诺斯，海神让他的妻子帕西法厄爱上了这头白色公牛。

这段可怕的禁忌之爱结下的果实便是半人半兽的米诺陶。

于是，米诺斯请当时闻名遐迩的设计师代达罗斯修建了一座超级迷宫。代达罗斯惊人的创造力举世皆知。国王命他设计这座错综复杂到无人可以逃脱的迷宫，为的是把米诺陶这个畸形的怪物关起来。

但国王很快发现，原来代达罗斯帮助帕西法厄背叛了自己，甚至认为代达罗斯是因为钟爱帕西法厄才这样做的。

于是，国王惩罚了设计师。

米诺斯把代达罗斯关进他亲手设计的迷宫里。为了显示自己宽宏大量，他还将代达罗斯之子伊卡洛斯一并关了进去，让他与父亲生活在一起。伊卡洛斯清白无辜，只因为他是罪人的儿子。

罪恶的锁链非常沉重。根据神话的某些版本，可怜的帕西法厄是出于其他原因才被处以陷入这段畸形爱情的惩罚。

某些神话中说，她本是太阳神和克里特人的私生女。你知道的，战神原本和爱神阿佛洛狄忒是一对。为了躲过各自的伴侣，他俩总在夜晚幽会（见第四章）。然而，在太阳神的揭发下，两人的事情最终败露。阿佛洛狄忒打算复仇，就报复在了太阳神的后代身上（在希腊人眼中，惩罚不一定非要针对特定个体，它可能会影响整个家族）。阿佛洛狄忒激发了帕西法厄轻浮的爱欲，让她爱上了海神派到克里特岛上的白色公牛。

总之，王后帕西法厄因他人之过而受到惩罚，爱上了一头公牛。米诺陶被关进了迷宫。

> **关键词**
>
> **阿瑞斯**
>
> 阿瑞斯崇尚暴力，酷爱为战而战。他嗜屠戮，蔑视失败。在他眼中，只有流了血才算战争。
>
> 在《伊利亚特》中，他站在特洛伊人那一边，最终失去了一切。
>
> 阿瑞斯信奉有债必偿。女儿遭到强暴，他就杀掉了施暴者，但这种行为并不适用于希腊诸神，因为同族间仇杀不合法。众神成立法庭，审判阿瑞斯。他们聚集在雅典卫城附近的一座山丘上开会，山丘因而得名"阿瑞奥帕戈斯"，意为"阿瑞斯之山"。此处也是后来雅典民主法庭的所在地：古老的《汉谟拉比法典》（同态复仇原则）被废除，逻各斯（话语和理性）开始成为主宰。对弗洛伊德而言同样如此，他认为，人的成熟过程中包括懂得遵守外部法律这一步，对个体自身而言，要在快乐原则和现实原则之间取得平衡。超我调节冲动的权威地位正一点儿一点儿确立起来。

死于傲慢？

迷宫迎来了新的居民：代达罗斯和他的儿子。然而，父亲代达罗斯会带着儿子一起逃离迷宫。代达罗斯知道走出迷宫是不可能的，但对一位伟大的发明家来说，还有一条路可以走，那便是天空。代达罗斯会运用天赋带领儿子逃出生天。

如何才能飞起来呢？还好，代达罗斯属于那类远远超越了自身所处时代的发明家。

为了逃离他们注定困居的迷宫，代达罗斯制作了两对翅膀，他用蜡将羽毛拼接起来，固定在自己和儿子的肩上。

他们飞起来了。

父亲建议儿子不要飞得太高，因为固定翅膀的蜡受热易熔，十分脆弱。但他的儿子被傲慢冲昏了头脑，向高空飞去。伊卡洛斯全然沉浸在飞行的快乐之中，越飞越高。可他飞得太高了，离太阳那么近，蜡变软、熔化，翅膀脱落。

伊卡洛斯坠入海中，溺死在父亲眼前。

他死于妄图超越人类的极限。这是傲慢的原罪吗？可如果这并非他的本意呢？……

我们应当从更高的角度进行审视。

未受惩罚的罪行

才华出众的代达罗斯不仅是非凡的艺术家，还是科技发明方面的能工巧匠。人们将众多发明归功于他，每一项都足以使他流芳百世。代达罗斯创造了雕像艺术，作品足以乱真，他也因此成了第一位揭示众神形象的雕塑家；他想要使用风力，便发明了船帆，可以很好地代替船桨。他还是举世无双的建筑师和木匠，发明了一系列做木活儿的必备工具，包括铅垂线、手钻、黏合剂等。我们已经领略过他在建筑方面的天赋，连克里特岛的国王都邀请他建造世上第一座谁都无法逃脱的迷宫。历史将铭记这项发明，因为在这个世界上的许多种语言里，"代达罗斯"都被用以指代"迷宫"。

可这位卓越的工程师并非只有才华，他还有一个致命的缺点：无法容忍潜在的强大对手让自己黯然失色。代达罗斯非常嫉妒对手的成功。

他之所以生活在克里特岛、为国王服务，是因为他遭到流放，被人逐出了雅典。

希腊人不设监狱，只有死刑（饮毒芹汁）或流放（社会性死亡）。那么，代达罗斯为何会被流放呢？

代达罗斯还在雅典的时候，是一群年轻人的老师，向他们传授知识。代达罗斯的学生中有一个是他的外甥，虽然年仅12岁，但已展露出惊人的天分，例如，发明出了金属锯子和圆规。年轻男孩的创造天赋威胁到了他的老师。代达罗斯希望自己是独一无二的，无人能够取代。

于是，他把外甥领到雅典城的最高处，也就是陡峭的卫城。两人一起爬上帕特农神庙的屋顶。代达罗斯把地平线上的某个地点指给外甥看，外甥向前探身，代达罗斯顺势将他推了下去。

代达罗斯没有因杀死血亲而被判死刑,他遭到了流放。这就是为什么他会流落到米诺斯的宫廷。他犯下的罪比一般谋杀更加恶劣,因为他杀害的对象是自己的外甥,几乎相当于亲生儿子,而且他是在雅典最神圣的地方将外甥杀死的,那里可是献给雅典居民守护神的神庙。

关键词

雅典娜

如果说阿瑞斯是愚蠢的战争之神,那么雅典娜就是智慧的战争之神。她在意战争是否合乎规则,她想要的是胜利,而非战争本身,若能不战而胜,她会相当满意。雅典娜更愿意使用盾而不是矛。雅典以她的名字命名,更多的是为了祈求她的保护,而非主宰。即便在《伊利亚特》描述的最残酷的战争中,雅典娜也被证明是一位睿智的女神,是一位战争顾问。雅典娜全副武装地从宙斯的脑袋里跃出,她出生的场景揭示了她全部的命运。就算她是宙斯的女儿,也只继承了宙斯的一半,属于思考和裁决的那一半,而不是充满欲望的一半。然而,无论是对弗洛伊德还是希腊人来说,就算为了尊重思想,倒也不必牺牲我们全部的存在。在弗洛伊德的诠释中,帕斯卡可能会这么说:"身体自有其道理,这是理性所不知晓的。"尤其是冲动的能量在童年时期就出现了,其驱动力在连续的过程中将各种感官连接起来,走向它存在的意义。

○ 秘密的时代

与西西弗斯类似，代达罗斯的生活也由一连串错误和惩罚组成。两位英雄都设法逃过了许多惩罚，但代达罗斯的特殊之处在于，他受到的惩罚与他犯下的错误是对等的：代达罗斯一生都在为自己的所作所为赎罪，在哪里犯下的错，就在哪里偿还。他建造了一座迷宫，帮助米诺斯国王困住怪兽米诺陶。接着他也被困在自己设计的迷宫里，这是他为帮助王后出轨而付出的代价。

一个小孩成了他的学生，如对待亲生儿子一般，他将自己毕生所学传授给了这个孩子，却又将这个孩子推下悬崖。20年后，他痛苦地看着自己的亲生儿子在自己眼前坠落，正如他开心地看着自己的外甥坠下卫城的峭壁。他的儿子伊卡洛斯赎清了他的罪孽。

家族的秘密总是在沉默中流传，与时间无关。流逝的时光无法抹去被掩藏起来的罪行。

儿子不知道父亲因何有罪，但他还是替他偿清。伊卡洛斯是因傲慢而死吗？是因为自己不顾父亲的劝阻，径自飞入云霄吗？若是出于傲慢，那就不合逻辑，因为伊卡洛斯自始至终都对父亲言听计从。实际上，儿子突然置父亲的建议于不顾，正体现了父亲因儿子之死而受到惩罚的残酷机制：父亲因傲慢而使他人殒命，他将受到惩罚，这个惩罚又转移到了儿子身上，表现为儿子因傲慢而意外身亡。悲恸欲绝的父亲对自己的生活、自己的过失及自己应受的惩罚缺少判断，可他永远都不会明白这一切……

○ **压抑，实为掩盖**

我们在成年后成为什么样的人，反映了我们童年时期的经历。我们被自己的过往打上了烙印，特别是那些不为我们所知的过去。与意识相比，无意识对我们的影响更加强烈。

无意识中不存在遗忘。压抑不会使记忆消解，只会将之隐藏，这种隐藏会被不停激活，时间无能为力，因为无意识中没有时间的概念。

压抑是超我为了中和冲动的力量而反复努力并取得成功的结果，我们无法像熄灭火苗那样使冲动的力量消失。[1] 不管是有意或无意掩盖过去，其实都没有差别，因为被掩盖的东西不会消失。

我们可以将故事中的代达罗斯和伊卡洛斯合二为一，可以说，这是一种非常现代、非常精神分析式的解读。它充分印证了这句格言："成年的我们不过是曾经作为儿童的自己的孩子。"

○ **压抑的回归**

人类的历史充满过失、罪恶和惩罚。

在希腊诸神的世界中，人们并不寻求讲述完美的故事。希腊人对天堂不感兴趣，奥林匹斯山上的万神殿也不是一个"零过失"或"零罪恶"的地方。相反，代达罗斯的故事中蕴含的意义远比对完美世界的幻想更有意思。这是给人类的教训，影响着各个时代的人。它说明，一个人不可能永远掩盖自己的罪行。如果企图用逃避掩饰错

---

[1] 引自《压抑》，载于《元心理学》。

误，无论是向自己还是向他人，哪怕逃到天涯海角，也什么都改变不了。我们的行为将伴随我们一生，压抑终将回归。浪潮总会击向岸边，我们在一个方向上消耗的能量任何时候都可能会从另一个方向回到我们身边。行为二与行为一相等。不愿意为自己的行为付出代价，将会承担无尽的后果。悔恨的缺席无法消解事实。库埃疗法（La méthode Coué，此处指不断对自我重复"我是无辜的"之类的暗示）并不奏效，欠的账必须清算。沉重的现实就摆在那里。父亲的无意识深刻影响到了儿子的命运。代达罗斯的过错因为被掩盖起来而造成了更加严重的后果。与其说儿子死于傲慢，不如说他死于对父亲的忠告充耳不闻，而他的父亲本就是"装聋大师"，丝毫听不进自己的过错。

阿尔贝·加缪曾说："应当想象西西弗斯是幸福的。"我们在此可以回应："应当想象代达罗斯是不幸的。"当西西弗斯不再为自己的错误开脱，当他承担起应承担的责任，当他接受惩罚并不再为自己的命运唉声叹气时，我们才"应当想象西西弗斯是幸福的"。神话中的代达罗斯因为逃避责任而被责任反噬，播下了不幸的种子。

第十章

俄狄浦斯弑父：为何儿子要想活，父亲就必须死？

不能飞行达之，则应跛行至之……圣书早已言明：跛行并非罪孽。

——弗里德里希·吕克特（Friedrich Rückert），《马卡梅韵文故事集》（*Makamen des Hariri*）

○ **焦虑的父亲，失常的儿子**

这同样是一个从出生就极其不幸的男孩。

刚一出生就背负了灾难般的命运，帕里斯如是，宙斯亦如是。神谕警告父母，孩子如果活着必会招致危险，所以父亲决定在孩子刚出生时就让他消失。

在这三个案例中，父亲们都被告知，自己的父亲身份将招致问题。俄狄浦斯的父亲拉伊俄斯试图挑战父亲会死在儿子之前的自然秩序。

成为父亲是一件复杂的事情。可以做个"严父"，但不能过分，任何父亲都有在强大法则的帮助下将儿子养育成人的责任。孩子在面对新情况的时候，只要有必要，就可以依靠这种法则。但同样，父亲也要给予儿子空间，并在适当的时候懂得站到一边。

让我们想象一位把一切都搞砸的父亲，既不坚定，也不想站到一边，给成年后的儿子留出应有的位置。所以，儿子从一开始就没有朝正确的方向发展，反而逐渐迷失了。父亲权威的缺失（既有保护的缺失，也有批评的缺失），让儿子无法沿着正路前行。由于没有走上正道，成年后的儿子就会把时间浪费在错误的目标上，比如，他会弄错爱情的对象。这就是俄狄浦斯的故事。

抛弃

女孩还是男孩？底比斯国王拉伊俄斯的妻子正在分娩，很快就能知晓问题的答案了。这是家族的第一位继承人，着实令人欣喜若狂。然而还没高兴多久，准父亲就被德尔斐的神谕吓呆了：他注定死在自己的儿子手上。

出生的是个男孩。拉伊俄斯决定让孩子"自生自灭"。这个父亲选择的方法相当虚伪：他将刚出生的婴儿托付给牧羊人，暗示牧羊人把他扔进树林里，婴儿自然会落入野兽之口。这样，他就可以说杀死孩子的是野兽而不是人了。

然而，发生了一件预料之外的事，让孩子得救了。牧羊人将婴儿的双脚绑在一起，又用一根棍子从婴儿双脚的跟腱处穿过，这样就能把他吊挂在树上了。牧羊人刚为抛弃婴儿做好准备，就遇到了另一个牧羊人。巧的是，第二个牧羊人不是当地人，而是奉主人之命放牧，才一直走到了这里。他的主人正是科林斯的国王，无儿无女。后来的那位牧羊人留下了孩子，将他带回科林斯。婴儿最终逃过了被饥肠辘辘的野兽吞食的命运。

俄狄浦斯的旅程：第一阶段

应该给这个弃儿起个什么名字呢？很简单，人们叫他俄狄浦斯（Oidipous），在希腊语中就是"肿胀的脚"的意思（词缀"oidos"指肿胀，而另一部分"pous"或"podos"指"脚"）。婴儿的双脚因被紧紧绑住而肿胀，他的跟腱可能已经撕裂。这是为了让木棍穿过，好把他挂在树上，这样野兽就不会错过他。

因此，这个孩子终身跛脚。他在各种意义上都是"跛"的，无论是在身体上还是精神上。

俄狄浦斯逐渐长大，终于成年，正是求知若渴的年纪。他自认为是科林斯国王的儿子，但还是决定寻求神谕，探寻真相。他想知道自己生父的姓名（一天晚上喝酒时，一个醉鬼骂他是杂种，周围人都显得很尴尬）。

神谕的回答模棱两可，既清晰又晦涩，让他不知如何是好："不要回到你的故乡，如果你这么做，你那弑父娶母的命运就会成真。"神谕的晦涩之处在于没有告诉他生父的名字，而清晰之处在于告诉了他应当躲避的可怕命运。俄狄浦斯不得不离开科林斯的宫廷，走向相反的方向，却正好迎向命运。俄狄浦斯的故事呈倒三角形：首先指地理上的三角形路线，然后才是心理上的三角关系。

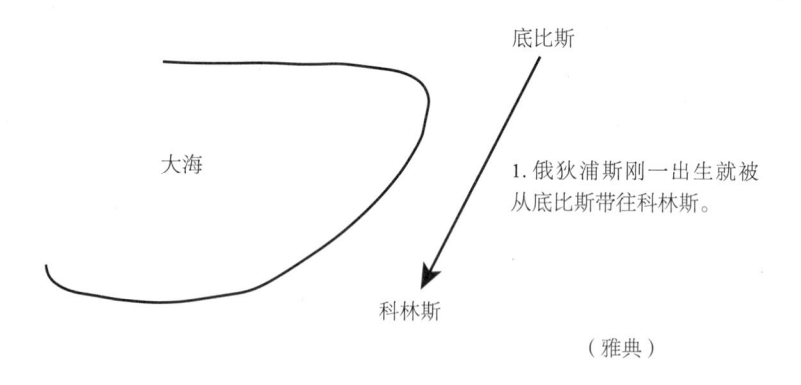

底比斯

大海

1. 俄狄浦斯刚一出生就被从底比斯带往科林斯。

科林斯

（雅典）

俄狄浦斯的旅程：第二阶段

神谕的回答让俄狄浦斯不寒而栗。为了不杀死他认为是父亲的那个人，他片刻也没有犹豫，立刻离开了科林斯。俄狄浦斯绝不会返回科林斯，因为他不想让可怕的预言成真。

○ **无意识和决心**

我们不能将俄狄浦斯看作一个无忧无虑的快活人、一个享受犯罪的凶手。俄狄浦斯具有一种真正的道德感,他试图对抗希腊人所说的命运。俄狄浦斯会直奔他的命运而去,但这其实是出于躲避它的想法。在道德感和无意识的双重影响下,他的迢迢旅途一波三折。

当下促使俄狄浦斯离开科林斯的道德感,日后在底比斯也会推动他在发现可怕的真相时采取行动。

父亲和儿子之间的优先权冲突

离开德尔斐之后,俄狄浦斯很快起程前往底比斯。他必须走连接底比斯与科林斯的那条路。就在两国道路的岔口,他遇到了拉伊俄斯。

俄狄浦斯拄着拐杖蹒跚而行,他一直跛着脚走路。他受过伤的双脚时常肿胀,非常敏感,让他走得很慢。从他对面过来的是底比斯国王拉伊俄斯。

拉伊俄斯下山离开底比斯,出城旅行。他乘着一辆马车,身边跟着几名仆从。他习惯人们为他让路。

这里的路狭窄陡峭,自古就因附近的悬崖而著名,就连许多文学作品中也有记载。

拉伊俄斯和俄狄浦斯才是真正的父子,但此时两人对此都不知情。

谁获得优先权,谁就能先通过,那会是从底比斯来的想下山的人,还是从科林斯来的想上山的人?

德尔斐

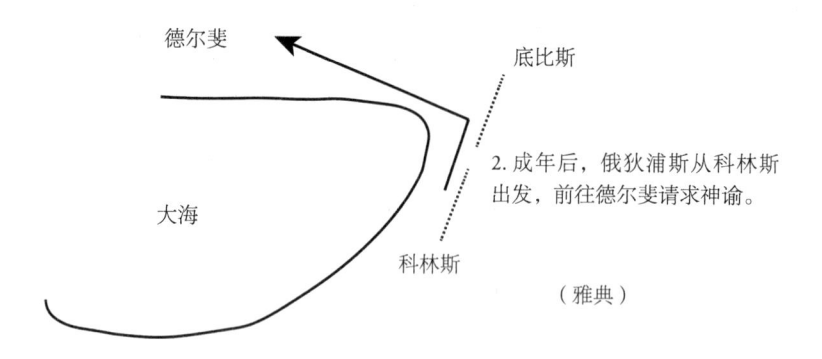

底比斯

2. 成年后，俄狄浦斯从科林斯出发，前往德尔斐请求神谕。

大海

科林斯

（雅典）

俄狄浦斯的旅程：第三阶段

一名态度倨傲的仆从引发了争执。国王的马车行进上窄路时，俄狄浦斯并没有让到路边。车轮碾过俄狄浦斯自出生起便承受伤害的脚，引得他痛苦地大叫。他向侵犯自己的老人举起拐杖，这根行动不便的残疾旅行者的拐杖激起了愚蠢的争吵，还引发了辱骂和攻击。在这场冲突中，俄狄浦斯杀死了自己的父亲。他人生的第一幕到此结束。

○ **讲述可怕的故事**

这时，儿子已经犯下了第一宗罪，也是最严重的罪行之一。我们应该读懂神话的内容，这是一个故事、一种教诲，也是一个教训。既然俄狄浦斯的故事由一连串恐怖事件组成，那么我们为什么还要讲述这些故事呢？因为这可能是防止故事"成真"的最佳方式。

德尔斐　　　　　底比斯

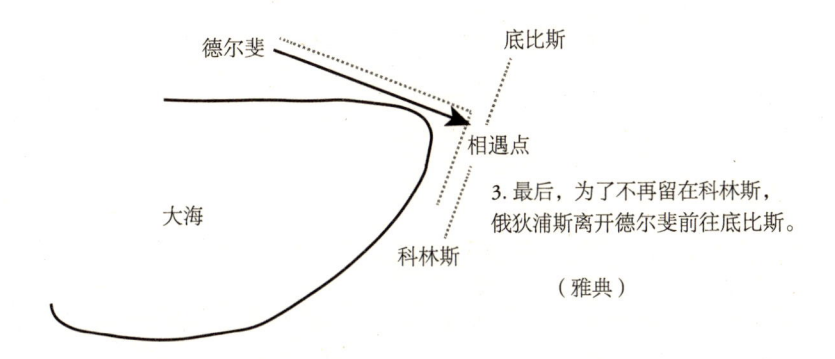

相遇点

大海

3. 最后，为了不再留在科林斯，俄狄浦斯离开德尔斐前往底比斯。

科林斯

（雅典）

对俄狄浦斯神话的改编是戏剧史上最早的成功典范之一，公元前4世纪就已经在雅典上演了。

虚构的故事有时能拯救现实，把俄狄浦斯的故事改编成戏剧的人就让自己躲过了一场俄狄浦斯式的冲突。他是怎么做到的？正是通过自己的作品！其实，索福克勒斯是古希腊最杰出的剧作家之一，他将俄狄浦斯的故事搬上了戏剧舞台，而他本人也正是一出俄狄浦斯式悲剧的主人公：他剥夺了儿子的继承权，将它直接交给了孙子。

愤怒的儿子想诬蔑父亲，说他疯了，索福克勒斯便以作品回击。一个疯子能创作出这样伟大的作品吗？对文学的兴趣使索福克勒斯从一场象征意义上的弑父中逃脱出来。

神话文本和弗洛伊德对其的解读之间存在分歧。从精神分析的角度来看，为了长大，每个儿子都会象征性地杀死自己的父亲。而在神话中，死掉的不是父亲，只是一个陌生人，而且他也不是在象征意义上被杀，而是确确实实地死了。

长久以来，这起弑父事件一直在世界范围内流传，人类学家和精神分析学家是对此最感兴趣的两类研究者。

精神分析学家认为，弑父的无意识欲望是普遍存在的，因为父亲阻挡了儿子接近母亲。

○ **如果从另一个角度审视俄狄浦斯的罪行呢？**

俄狄浦斯该为谋杀负责吗？他的行为既是起点也是终点，因为他的父亲拉伊俄斯在俄狄浦斯刚一出生就犯下了错（同时，拉伊俄斯也承担着自己父亲的罪孽，那是这个受诅咒的家族中的第一个罪人）。

由于害怕自己被儿子杀死，拉伊俄斯没有抚养他。父亲的恐惧是一连串恐怖事件的源头。拉伊俄斯性格上的弱点迫使他逃避承担父亲的责任，拒绝自己成为父亲的命运，因为那意味着他终将被儿子超越。我们应当创造一种与"俄狄浦斯情结"相对应的情结，也就是"拉伊俄斯情结"，以描述那些掌握权势的父亲想方设法地推迟儿子继承权力的时间。不想日后被儿子超越的愿望产生了完全相反的效果，拒绝被超越反而会加快被超越的速度，甚至引发更加激烈的后果。

神话的第一部分以这个可怕的反转告终。无法容忍日后会被儿子超越的父亲却让自己暴露在过早发生又残酷、猛烈的超越中。先前，为了躲避自己的命运，拉伊俄斯也是这样让儿子暴露在野兽面前的。死亡？好吧，死亡的反面不是生命，还是死亡；命运的反面不是自由，还是命运。这是每一个人的死亡，是父亲的死亡，也是儿子的死亡。

○ 父亲之死的反面不是儿子之死

无论是西西弗斯还是拉伊俄斯,他们都不能逃避了自己的责任却不受惩罚。拉伊俄斯试图通过牺牲另一个人让自己逃脱本来的命运。但是,如果我们不慎将墨水滴在纸张上,还想在没有吸墨纸的情况下擦去墨渍,反而会把墨水弄得到处都是。命运是没有吸墨纸的。

拉伊俄斯把儿子暴露在野兽面前的时候,就已经将自己置于极刑之下了,行刑人正是他的儿子:儿子在光天化日之下对自己真正的父亲视而不见,因为父亲本人而无法与父亲相认。儿子变成了一头凶猛的野兽。俄狄浦斯因做出了改变的决定,让自己沦为强大命运的工具。

○ 逃避命运是与命运重逢的捷径

这个标题想表达的含义,对父亲和儿子来说都适用。为了不伤害他自认为是生父的人,俄狄浦斯离开了科林斯。这是一项壮举,也是一个错误的决定。

俄狄浦斯杀死了那个不配作为自己父亲的人,杀死了那个有罪的父亲。

最近,有位精神分析学家开始尝试分析弗洛伊德本人,她假设弗洛伊德在有意识的情况下,仍试图为父亲开脱一切罪责。[1]

俄狄浦斯真的杀死了自己的父亲吗?

---

1 引自《雕像人》(*L'Homme aux statues*),玛丽·包梅里(Marie Balmary)著。

他杀死的并非他心中所念的父亲。鲍里斯·西瑞尼克（Boris Cyrulnik）[1]已经向我们表明，真正的父亲是抚养你长大的那一个，他因爱而非血缘关系成了你的父亲。

---

[1] 心理学家，以在心理创伤方面的研究享誉世界。——编者注

第十一章

俄狄浦斯解开斯芬克斯的谜题：为何拯救者会成为罪人？

如果小野人只剩下他自己，如果他像摇篮里的婴孩般没有理智，却又兼具30多岁男性的激情暴力，他就会拧断父亲的脖子，和母亲一起睡。

——狄德罗，弗洛伊德引用

在路口的一场斗殴中，底比斯国王拉伊俄斯死于陌生人之手。这是世界历史上最著名的街头事件。

底比斯失去了它的国王，王后的兄长克瑞翁暂代执政。

在天神的盛怒之下，这里很快经历了一些可怕的事情。城门口出现了一头名为斯芬克斯（Sphinx）的怪兽，它向意欲进城的旅人提出问题，答不出来的人就会被它吃掉。一时间，没有人敢前往底比斯，这严重阻碍了当地的交通。此外，城里灾祸接二连三，因为天神不想放过任何一个该受惩罚的罪人。

○ **俄狄浦斯成了拯救者**

吞食底比斯人的怪物由三个本不相干的部分组成：女人的面孔、鸟翼还有狮尾。它被称为斯芬克斯，也因长着一颗女性的头颅而被称为斯芬奇（Sphinge，源自希腊语）。

它向行人提出的谜题是从缪斯那里学来的，未能说出答案的人悉数被它吞入腹中。那时，还没有谁能够答上它的问题。由此产生的恶果甚至让克瑞翁宣布，谁能解开谜题、救底比斯城于怪物之口，谁就能继承王位、迎娶他的妹妹，即底比斯王后伊俄卡斯忒。她在拉伊俄斯死后一直寡居。

就在此时，俄狄浦斯来到了底比斯。斯芬克斯见他走近，便向他提问："地球上有一种生物，白天四条腿，中午两条腿，晚上三条腿。他们有四条腿的时候前进得最慢。这是什么生物？"

俄狄浦斯毫不费力地说出了答案："这种生物是人：幼年时四肢着地在地上爬，因而走得最慢；成年后两条腿走路；老了以后，拐杖就成了他们的第三条腿。"

答对了!

绝望的斯芬克斯从高处冲向深渊,消失不见。

为了解底比斯之难,克瑞翁早就在整个希腊范围内宣布他将为解开谜题的人让出王位,并献上自己的妹妹,那位寡居的王后。他遵守了诺言。俄狄浦斯成了国王,还娶了伊俄卡斯忒为妻。

在俄狄浦斯治下,底比斯国泰民安。

俄狄浦斯和伊俄卡斯忒育有两子两女,分别是厄特克勒斯、波吕尼刻斯、安提戈涅和伊斯墨涅(据其他版本的神话,这些孩子并非伊俄卡斯忒所生,而是俄狄浦斯后来和另一个女人生的)。

谁杀死了国王?

很快,新的灾祸笼罩底比斯。一种传染病先是在植物间传播,再是畜群间,最后是底比斯城中的居民间。任何自然灾祸背后必有原因。人们为此求问神谕,得到的回答是:"为了惩罚杀死拉伊俄斯的凶手,神降下这灾祸;凶手受到惩罚后,瘟疫自会止歇。"

当初解开无人能解的斯芬克斯的谜题时,俄狄浦斯就已经显露出强大的实力。他对自己的洞察力充满自信,开始调查犯下罪行的凶手。

俄狄浦斯清楚伊俄卡斯忒一直寡居,他必须找出是谁在通往德尔斐的路上杀了老国王。人们说拉伊俄斯被沿途流窜的匪帮所杀。俄狄浦斯找到了拉伊俄斯的墓碑,就立在他丧命的地方,旁边还有随他一起死去的仆从的墓碑。俄狄浦斯有什么发现吗?

在调查过程中，他得知伊俄卡斯忒曾有一个儿子，她在迫不得已的情况下将孩子扔进了野兽群中。于是，俄狄浦斯发起了另一项调查，以了解 20 年前那个被遗弃的孩子的情况。

漫长的调查一点儿一点儿向前推进，敏锐的俄狄浦斯找到了当初在树林里救下婴孩的牧羊人。牧羊人告诉他，孩子被带去了科林斯。

俄狄浦斯恍然大悟，伊俄卡斯忒也很快就明白了过来。太可怕了。

惨绝人寰……面对可怖的事实，伊俄卡斯忒自缢而死。

○ **所有社会共同的禁忌**

在 18 世纪、19 世纪之交，弗洛伊德从根本上重新解读了这则神话。

在弗洛伊德之前，人们认为这个故事体现了人类对神灵的依从。身为一个人，哪怕他是国王，面对神时也只能两股战战、俯首帖耳，人类不过是神的玩物。

同样，在弗洛伊德的移置中，冲动就相当于神，因为二者都是指导人类行为的、看不见的力量。神在天上指引，冲动在人的内心深处指引。人类通过授权行事，如果人类的"代表"肆意妄为，神就会降下灾祸，迫使他们回到正轨。灾祸降临在他们身上，直到秩序重新建立起来。

俄狄浦斯的故事揭示了可能是唯一的所有人类社会都避之不及的禁忌：乱伦。由于无意识的欲望促使他接近自己的母亲，他便在回到底比斯、躺上母亲的床榻之前无意识地杀死了自己的父亲。和精神分析学家一样，人类学家也承认所有人类社会都将乱伦视为重大禁忌，这无疑是地球上分布范围最广的社会性元素，对社会的组织最为重要。古老的希腊神话在几千年以前就对此加以描述。在俄狄浦斯的故事中，若禁忌被打破，天神就会降下最严厉的诅咒：暴发一场让植物、动物和人类都难逃一劫的瘟疫。

○ **打破禁忌**

神降下的灾祸并不只是简单的神话隐喻。在现实世界，近亲繁殖会严重危害公共健康。

1775年，太平洋上的风暴袭击了密克罗尼西亚的一座环礁，位于澳大利亚以北。最高海拔不过3米的小岛被风暴吞没。香蕉树、椰子树和面包果树悉数被毁，死里逃生的岛民很快面临饥饿的威胁。由于资源匮乏，岛上人口从灾害前的上千人锐减至二十多人，其中只有一两名男性。极低的人口数量使岛上频繁发生近亲繁殖。几十年内，岛上人口重新增长到约一百人。但第四代人中开始出现一种十分罕见的退化疾病，出生时视力正常的儿童到了4岁就开始无法辨认颜色。这种遗传病由隐性基因导致，已经在该地区蔓延了几百年，但父母双方均为患病基因携带者的概率很低。若父母双方中只有一人携带致病基因，就算基因遗传给了子女，病征也不会在子女身上表现出来，只有父母双方都携带致病基因且遗传给了子女的时候，疾病才会显形，使人变成色盲。在没有近亲繁殖的地方，这种遗传病不会出现。

○ **"菲勒斯"**

从精神分析的角度来看，俄狄浦斯的故事是婴儿性行为理论的一部分。这种残酷的表述方式显然源于对个体经验的简化，但它的优点是明确了全体人类共同的根基。孩子自出生开始就处在父亲—母亲—孩子的三角关系中，他对爱情的最初体验就发生在这个框架内（至少在西方世界如此）。精神分析学的贡献在于，点明了婴儿在性欲方面的早熟、幼儿的依恋能力以及无意识欲望的强度。

年龄在 3 到 5 岁的孩子（弗洛伊德谈论的主要是男孩）[1] 对母亲的渴望达到顶峰，且与作为竞争对手的父亲分离的渴望也达到顶峰：这是一种对竞争对手、妈妈的丈夫、孩子的父亲死掉的欲望。

这类欲望被弗洛伊德称为"俄狄浦斯情结"。处于这一阶段的幼儿爱慕母亲，同时对父亲怀有敌意和恨意。通常情况下，这种情结会随着时间的推移被克服，这是走向成人世界的必经之路。儿童——不择手段的变态者——将长大成人，在生殖力的阳光下温暖自己。

如果男孩不会自发疏离母亲，父亲也会迫使它发生。父亲将让孩子明白他才是唯一可以与母亲亲密接触的人。这是迫使孩子将自己的力比多转移到别处的"阉割威胁"。阉割威胁是指割掉阴茎？不，是指去除"菲勒斯"。这两个词语的语义既有交织，也有不同。"阴茎"一词属于解剖学范畴，用于指代身体器官；而"菲勒斯"具有象征意义，指的是与男权（而非男性）有关的标志性功能。小男孩被要

---

[1] 精神分析学家克莉丝汀·奥莉薇（Christiane Olivier）在作品《伊俄卡斯忒的孩子们》（*Les Enfants de Jocaste*, 1980）中分析了女性幼儿的案例。

求去别处发挥男性本领，包括他在性方面的努力，而不只是留在母亲身边。

根据弗洛伊德的观点，小女孩在意识到自己没有阴茎之后，在传统上更倾向于将对阴茎的欲望转移到渴望拥有一个来自父亲的孩子上。还有另一种可能，在今天更容易实现：她将努力占有菲勒斯，要么通过引诱兼有阴茎和男性气质的人（他们拥有菲勒斯），要么通过设法获得象征"占主导地位的男权"的标志，即权力、金钱和社会认可。

在青春期，重新激活俄狄浦斯情结有助于将它永久克服，但如果在这个过程中出现了问题，人的成年生活就会受到影响，特别是性生活。

无意识的欲望如果没有得到充分化解，将破坏一个人独立去爱的能力。成年后，一个人对爱情的选择取决于他童年时的爱欲和幼年时期母亲在他身上留下的印记。他可能会选择与母亲截然不同的对象，也可能为了保持连续性而选择与母亲相似的对象。

无论承认与否，成年人的爱情会一直受到婴儿（仍未发展出语言能力）阶段的影响，还有是否顺利克服了俄狄浦斯情结的影响。

第十二章

失明的俄狄浦斯：作为内在法则的超我

人总是在躲避命运的道路上与命运迎面相撞。

——让·德·拉封丹（Jean de la Fontaine）

○ **有罪但无过**

俄狄浦斯对自己的罪行视而不见。

俄狄浦斯没有意识到受害者的存在，也就没有意识到自己犯了罪：在得知某个女人是自己的母亲之前，娶她为妻不是犯罪；在得知某个男人是自己的父亲之前，在交通纷争引发的殴斗中杀了他，也不算弑父。

命运已经成为现实。俄狄浦斯在毫不知情的情况下弑父娶母，所以他也没有罪疚感。如果他故意筹划暗杀或其他阴谋，就算他在实施计划之前被捕，也仍将受到审判和惩罚。正义会区分有意杀人和无意杀人，俄狄浦斯做出这些行为时并不知情，所以不算有过错。

故事结束了吗？在神话最原始的版本中，故事到此为止。

但生活在公元前5世纪的索福克勒斯为神话添上了重要的一笔，即当事人对自己所犯罪行的认识。俄狄浦斯认识到了自己罪孽的深重。

本来，俄狄浦斯不知道自己杀死的是父亲，更不知道自己娶的是母亲，神话讲述了一个有关无意识的欲望的故事。在之前的版本中，故事到这里戛然而止，然而，或许是出于对戏剧效果的需要，索福克勒斯补写了非常重要的一幕戏：俄狄浦斯意识到自己犯了罪。

意识到自己做了什么之后，俄狄浦斯刺瞎了自己的双眼，因为真相令他难以忍受。

○ **"不能只用眼睛看"**

在俄狄浦斯的故事中，这是最重要的时刻，我们可以看到精神分析学和神话故事的说教是如何融会贯通的。

这个故事意蕴丰富，包括两种明显矛盾的判断，实际上构成了一种悖论。

首先可以确认的是，精神分析学表明，就像神话中体现的那样，"正常人"可能会比他自认的更不道德。

其次，精神分析学还表明，"正常人"会比他自我认知中的形象更加高尚，这在神话中亦有体现。[1]

俄狄浦斯娶母体现的是第一种，而他自毁双目体现的则是第二种。

对此而言，俄狄浦斯的罪恶感是重要的补充。人类的这种反应影响了后世文学的整体发展，从更广阔的意义上来看，还扩展了人类对社会的理解。这值得我们花点儿时间研究，但别忘了，俄狄浦斯很早就开始做出努力，试图避免这些自己命中注定会犯下的罪行。在得知德尔斐神谕揭示的未来之后，他立刻逃离了科林斯。但自毁双目这一桥段添加得非常自然，因为它是合理的，且符合神话故事原本的逻辑。

俄狄浦斯就这样刺瞎了自己的双眼：无论他犯下的罪行多么严重，这个行为都不够清醒、理智，这不是深思熟虑的结果。

这是一种极端的举动，既然我们将描述在自身内部进行自我审

---

[1] 引自《精神分析引论》。

判的机制，我们就不应忘记这一点。虽然这种说法自相矛盾，但事实就是如此，我们对自己行为和思想的判断并不总是特别合理，特别是在不受意识控制的情况下。

俄狄浦斯懂得如何应对复杂的问题，他能解开斯芬克斯的谜题，却拙于提问和倾听：他不知道如何倾听无意识传达出的信息。

○ **俄狄浦斯的自我审视和自我判断**

俄狄浦斯自我审视，并自我否定。

道德良知是自我审判的主体。这种针对自我的审判假定了一个分裂的自我。

这是说，自我分裂成两个部分，这两个部分有时会相互攻击。[1]意识的声音或许残酷，至少是无情的。弗洛伊德将这种自我审判机制称为超我。超我是每个人都具有的道德良知，是内心的警察，担负起自我监察的任务，从稽查梦境（通常有着令人震惊的内容）到压抑作用，都由它负责。

罪疚感体现出自我和超我之间的紧张状态。"道德良知的要求和自我表达之间存在着距离，罪疚感便从中诞生。"[2]

审判机制并没有超越自我，而是自我的一部分。更令人震惊的是，从精神分析学的角度来看，我们一直"低着头"[3]。超我是个体具有的道德良知，与作为无意识力量的本我相当接近。本我、自我和超我之间的纠葛令人惊讶。自我是个体唯一具有意识的部分，也是

---

[1] 引自《精神分析引论》。
[2] 引自《自我与本我》。
[3] 引自《自我与本我》。

与外界建立联系的唯一媒介,它被夹在两股强大而无意识的力量(超我及其不容置疑的命令,还有本我及其破坏秩序的命令)之间。从这种复杂关系中能提取出的最可靠的事实是,意识并没有在人的心理状态中占据主导地位,也不具有决定性作用。人性体现在无意识之中。

○ 在不道德和超级道德之间

弗洛伊德的措辞方式变化多端,他曾将"超我"称为"理想的自我"。[1] 不管怎么说,自我似乎被困在了本我和超我之间,后两者无意识、不可预测、不受控制,因而更显强大。自我受到三重管束:首先是有着自身法则的外部世界,它显然是独立于个体的"自我";其次是本我,它是人类基本能量、力比多的储蓄池;最后是超我,严苛的审判机关。试图保持道德的自我,被困于不道德的本我和超级道德的超我之间。[2]

所以,他在重构神话时表现出的犹疑也可以用俄狄浦斯对罪疚感的摇摆态度来解释。

失明后的俄狄浦斯还是底比斯国王吗?

在某些版本的神话中的确如此,他还与另一个女人生育了子女。

可是,在另一些版本中就不是这样了。俄狄浦斯会在女儿安提戈涅的陪伴下流亡异乡。

女孩恪守孝道,也极具家庭责任感。父女二人缓慢地向雅典走

---

[1] 犹豫不只体现在对词语的选择上,它还随问题和关切对象的不同而变化;词语的选择与特定的论述对象相吻合。弗洛伊德有时会在理想的自我和超我之间建立清晰的同义关系。参见《自我与本我》。
[2] 引自《自我与本我》。

去。失明的父亲拄着木质拐杖，陪伴在侧的是他那诞生自残缺爱情中的女儿。

来到雅典附近的科罗诺斯之后，俄狄浦斯找到一处避难所。没过多久，他在一种近似神化的状态下死去了，这是一种对雅典人尊奉的神圣正义的补偿。但他的子女仍将受到诅咒的威胁，等待他们的是不光彩的、过早的死亡（见第十六章）。

在缺乏罪疚感的社会中，或者说，至少是在人们没有意识到罪疚感存在的情况下，弑父是一种动物性行为，再现了强权管辖下群体的运作法则。强权法则是一种动物性法则，对人类社会并不适用。只有谋杀行为被禁止、策划或实施谋杀的人产生罪疚感，人才能成为真正的"人"。毫无罪疚感的谋杀是违背人性的。

象征性弑父被视为儿童成长的必要条件，主要是因为它是通过产生罪疚感来完成的。

○ **创造神话**

弗洛伊德在探索人类起源的问题上走得很远。他不满足于运用俄狄浦斯神话阐释自己的理论，他还创造了神话。在作品《图腾和禁忌》中，他将弑父行为看作人类发展的起点：在那之前，人类处于部落时代，而在那之后，人类进入秩序时代。弑父行为标志着人类从原始的武力统治时代进入了法律统治的时代。

在弗洛伊德创造的神话中，唯一的父亲统御着所有女性，儿子为了反抗这种垄断而战斗，他们也想获得生殖的权力。但弗洛伊德提出，作为进步之源的弑父行为不会出现在没有规则的社会中。无节制的暴力不可能停止，引导暴力是迈向人类社会的第一步。暴力不会被彻底清除，但罪疚感应当能够控制暴力的爆发。

○ 伊俄卡斯忒的孩子们

我们能从俄狄浦斯身上详尽地观察到小男孩对母亲的爱。

那小女孩呢？一位精神分析学家研究了女性在幼年时期对父亲的依恋。[1] 对所有幼儿来说，这种情况的发生取决于父母中性别相异的一方如何看待他们。我们必须认识到父母对异性子女的欲望的重要性。

母亲能在与儿子的关系中体会到异性的乐趣和神秘，同样，父亲也能从与女儿的关系中感受到这一点。

孩子也不可避免地会对此有所反应，他们注定会将父母当作最初的爱慕对象。

儿子想要占据父亲的位置，与之相呼应的是，女儿总是想占据母亲的位置。[2] 女儿对父亲怀有积极情感的同时，也会对母亲怀有消极情感。这些情感构成了一种情结，在迅速压抑之后便能化解。但在无意识深处，它会对成年后的爱情生活持续造成影响，无论是在选择爱慕对象、构建亲密关系方面，还是在有关性的方面。

1　引自《伊俄卡斯忒的孩子们》，克莉丝汀·奥莉薇著。
2　引自《精神分析五讲》。

第十三章
忒修斯的黑帆：过多的爱为何致命？

一个寒冷的冬天，一群豪猪挤在一起互相取暖。但是，由于被棘刺扎得很疼，它们很快又彼此分开。可是，持续的寒冷迫使它们再次相互靠近，也让它们又一次感受到被棘刺扎伤的疼痛。它们如此反复，靠近又分开，直至找到合适的距离。它们在那个位置上感到很安全。

——叔本华，《附录和补遗》，弗洛伊德引用忒修斯和俄狄浦斯的命运紧密相关，时而相同，时而相反。一心求死的俄狄浦斯见到了雅典国王忒修斯，忒修斯允许自我放逐的俄狄浦斯在雅典结束自己的生命。流亡异乡的俄狄浦斯为希腊社会所不容，对希腊公民来说，这种社会性死亡是他们能想象的最严酷的死亡。

未被公开的国王之子

俄狄浦斯和忒修斯都是国王的孩子。俄狄浦斯是底比斯国王之子，忒修斯是雅典国王之子，两个国家之间经常发生战争。

这两位英雄的出生构成了一种对称：面对忒修斯的出生，其父的心理状态与俄狄浦斯之父面对儿子出生时的恐惧截然相反。因为害怕自己有朝一日会被亲生儿子杀死，俄狄浦斯的父亲想除掉自己的孩子，而忒修斯的父亲却为儿子的性命忧心忡忡：为了避免儿子早夭，他把刚刚出生的儿子送到离家很远的地方，秘密地养育着。

忒修斯的父亲是雅典国王埃勾斯。埃勾斯的前两位妻子都没能生下一儿半女，他想知道自己究竟会不会有子女，便去请示德尔斐神谕。女祭司给出的答案并不明晰，她告诉埃勾斯，在抵达雅典的最高点之前，不要解开自己身上装满酒的酒囊，否则他终有一天会因悲痛而死。

国王决定找一个聪明到能够破解其中奥妙的人帮他解释这句话。他前往科林斯，找女巫美狄亚帮忙。美狄亚不仅向他解释了晦涩的神谕，还保证说，她将运用魔法使他育有子嗣。毕竟，美狄亚擅长用药，而且即便在远处也能使魔药发挥作用。作为交换，她让埃勾斯保证在她需要的情况下为她提供庇护。成交。

国王几经辗转才回到雅典，途中，他曾在一个想与雅典结盟的小国停驻。小国国王正好有一位待嫁的女儿，他意欲将女儿嫁给埃勾斯，好让两国联盟，但又怕埃勾斯拒绝，因为埃勾斯完全可以找到更好的盟友。于是，国王为此设计了一场特别的晚宴。埃勾斯受美狄亚的巫术蛊惑，神志不清，人们将他送上床却没告诉他将会与谁同床共枕。埃勾斯就这样上了一名年轻女孩的床。

第二天早上醒来，埃勾斯认出了女孩，他让她保证，若她因此生下孩子，要将孩子秘密抚养长大，绝不暴露孩子的行踪，让他的敌人知晓（雅典王位被人觊觎多时，埃勾斯的子嗣在成年之前定会处于危险之中）。

年轻的女孩看着埃勾斯把自己的剑和凉鞋藏在巨石之下。若有孩子出生且是个男孩，她要在孩子长大之后让他抬起巨石。只要他带着信物返回雅典，与国王埃勾斯相认，他就会成为雅典王位的继承人。后来确实有个男孩出生了，但他必须被好好保护，悄悄长大。

可以确认的是，很久之后，忒修斯的兄弟们会加入王位争夺战，而忒修斯将与他们战斗，并击败他们。

在外公的抚养下，小男孩悄悄长大。他很小就展露出惊人的力量和罕见的勇敢。16岁时，在母亲的要求下，他毫不费力地将巨石抬了起来。

在此期间，他那身在雅典的父亲尚不知晓自己早已成为人父。没有人告诉过他。

其他神话故事中也有将宝剑从巨石中拔出的情节（比如亚瑟王传奇）。在许多文化中，鞋和剑都是王权和超凡命运的象征。秘密的出生、王室血统的象征性启示，都提前为忒修斯的命运烙上了非凡的印记。

充满波折的归途

返回雅典的途中，忒修斯完成了两倍于赫拉克勒斯的任务。

他与国王的相认并不容易。因为雅典国王不知道自己已经成为父亲（年轻的母亲遵守诺言，未曾向忒修斯吐露半分），埃勾斯猜不出眼前的男孩就是自己的儿子。

在此期间，他已与女巫美狄亚结婚。先前美狄亚要求他给予她庇护，他也履行了承诺。埃勾斯知道美狄亚犯下的激情之罪吗？尽管此前在金羊毛争夺战中美狄亚帮了伊阿宋很多，但这么多年来伊阿宋还是渐渐厌倦了她。她在丈夫伊阿宋移情别恋后，割断了他和孩子们的喉咙。

埃勾斯和美狄亚结婚了，相信她能给自己带来子嗣，但他不知道美狄亚其实早就让他梦想成真了。他与美狄亚也育有一子。

美狄亚算准了自己的儿子将继承雅典王位。人们都说雅典国王活在妻子的掌控之下，埃勾斯势单力薄。

忒修斯刚出现在宫殿门口，美狄亚就认出了他。她是唯一能认出忒修斯的人。于是，美狄亚使埃勾斯相信，新来的人是杀手派来的奸细。她以敬奉阿波罗的名义举办了一场盛大的宴会，邀请忒修斯赴宴。宴会上，埃勾斯递给他一杯恶毒女巫美狄亚事先准备的毒酒。

烤肉送上来之后，忒修斯拔出"他的"佩剑割肉。那时他已经将父亲递来的毒酒送至唇边。剑光闪耀，埃勾斯一眼认出了剑柄上雕刻的两条蛇，他打翻了忒修斯的酒杯。

父子二人伸出手臂紧紧相拥，美狄亚和她的儿子墨多斯被赶出了雅典。

忒修斯，父亲想念已久的儿子，将继承父亲的王位。

与怪物搏斗

忒修斯战功累累，他曾与一头凶猛的白色公牛战斗。这头白牛在马拉松平原上横行，杀死了上百人，受害者包括克里特岛国王之子（这位国王注定与牛纠缠不清，先是他的母亲欧罗巴，再是妻子帕西法厄，现在又轮到他的儿子）。米诺斯认为雅典要为此负责，因为他的儿子死在了雅典的领土范围内。作为报复，他向雅典征收可怕的贡品：每隔9年，雅典要向克里特送上童男、童女各七名。他们将被献祭给在迷宫里关着的米诺陶。米诺陶被困在代达罗斯设计的迷宫里（见第九章），等着吞下这些童男童女。

忒修斯宽仁又无畏。他同情那些失去孩子的悲痛父母，主动提出成为祭品之一。

他甚至打算代替那些孩子。在第三次进贡的时候，勇敢的忒修斯向克里特国王提出，他将与怪兽战斗，一旦战胜怪兽，进贡必须取消。

克里特国王同意了忒修斯的请求，但有一个条件：忒修斯必须与怪兽肉搏，不能携带任何武器。

○ **口欲期和冲动的动物性**

米诺陶是女人爱上公牛之后产下的怪物（见第九章）。在这一点上，俄狄浦斯和忒修斯的遭遇很相似。首先，他们都要面对一头毁灭城市、打破人们平静生活的怪物。其次，他们面对的怪物都会吃人：俄狄浦斯面对的斯芬克斯会吃掉无力应对它挑战的人，而忒修斯面对的米诺陶会在它困居的迷宫深处吞下童男童女。底比斯城的怪物和克里特岛的怪物将永远停留在口欲期：婴儿长出牙齿之后，就会发现撕咬和破坏的乐趣。这将在他之后的成长阶段得到证实（见第一章）。

阿里阿德涅的线团

起程之前，忒修斯请示了德尔斐神谕，神谕建议他请阿佛洛狄忒做向导。这一次，神谕传递的信息非常清晰。忒修斯明白，若以爱情为向导，他就能大获全胜。他在阿里阿德涅身上激起的爱意使阿里阿德涅帮助他走出迷宫。阿里阿德涅给了忒修斯一团线，让他进入迷宫后拆开，就能顺着线找到来路，走出迷宫。

阿里阿德涅是米诺斯的女儿，雅典人准备下船上岸时，她看见了混于其中的忒修斯，对他一见钟情。"如果你答应娶我为妻，把我带回雅典，我就帮你杀掉我的兄弟米诺陶。"忒修斯答应了，他未作耽搁，立刻发起进攻。

他闯入怪物游荡的迷宫，赤手空拳与它搏斗，最终使它毙命。

他浑身是血地走出迷宫，阿里阿德涅激动地抱住他。忒修斯依言带她离开了。两个年轻人躲过国王卫兵的追捕，顺利逃走了。

然而，半途，忒修斯把情人抛弃在了一座岛上。他这么做是应雅典守护神雅典娜的要求，还是受到了狄俄尼索斯的威胁？对此解释很多，但没有一种令人信服。"真实原因"无从知晓，总之，他孤身一人回到了雅典。

想到马上就能回家，忒修斯高兴不已，甚至忘记了更换船帆的颜色。前两次出征之后，返程船只扬着黑帆，带回的是死者。而对这第三次出征，埃勾斯对儿子获胜充满希望，就给了他一张白色的船帆。如果忒修斯平安无恙，他归程时应当扬起白帆，这样，远方的父亲立刻就能知道他宠爱的儿子凯旋的消息，否则……

阿佛洛狄忒会为被抛弃的阿里阿德涅展开报复吗？无论如何，忒修斯忘记把船帆换成白色的了。埃勾斯爬上卫城之巅，即雅典的最高处，焦急地等待着。他看见自己的船在远处出现，而船帆是黑色的。他是晕了过去，失足落水，还是心灰意冷，有意为之？总之，爱子心切的埃勾斯坠入海中。后来人们为纪念这位慈爱的父亲，以他的名字命名了这片大海（爱琴海，希腊语中意为"埃勾斯之海"）。

○ 无节制的受害者

没有节制是很危险的，没有节制的爱和没有节制的恨都会招致灾祸，对爱急不可耐同样如此。

特里斯坦和伊索尔德的传说再现了黑帆的主题。特里斯坦已死的消息使伊索尔德自杀，然而，船只运回的并非特里斯坦的尸骨，而是一个活生生的人。特里斯坦下船后发现了死去的伊索尔德，痛苦万分，就在她身旁自尽了。急不可耐的爱情会走向最不幸的下场，会致使一对恋人双双死亡。[1]

埃勾斯，焦急难耐的父亲，在认为自己心爱的儿子已经身死后，选择结束自己的生命。

○ **内投作用**

面对所爱之人死去，我们可能会觉得自己对此负有责任。在这种情况下，哀悼会从自责阶段开始。

弗洛伊德引用了一个刚刚失去小猫的小男孩的故事。男孩突然对猫产生了身份认同，并宣称他自己"是"一只猫。不仅如此，他还开始用四肢行走，甚至不再与家人同桌用餐。内投作用是认同机制的一部分。[2] 我们想成为他人，是因为他人是我们认同的对象。

拉伊俄斯之所以会死，是因为他太害怕自己会被儿子杀死。与之相反，埃勾斯死于太爱自己的儿子。他们的儿子也有着相反的命运：俄狄浦斯未能得到足够的父爱，而忒修斯则受到父亲过多的宠爱。两人的境遇导致两位父亲过早死亡。杀死他们的既不是爱，也不是恨，而是"过度"，爱和恨的过度。

---
[1] 莎士比亚的戏剧《罗密欧与朱丽叶》也采用了这一主题：过度之爱导致双方死亡，迫不及待的爱情使双方早逝。罗密欧在朱丽叶的尸体（假）旁自尽，而朱丽叶在看到罗密欧的遗体（真）后同样选择了自杀。
[2] 引自《群体心理学与自我的分析》。

忒修斯之死

忒修斯继承了父亲的王位,成了雅典的第十任国王。他是位温和的国王,至少刚开始是这样。之后,他经历了新的考验,还为俄狄浦斯提供了庇护。俄狄浦斯被底比斯放逐,在女儿的陪伴下来到雅典。忒修斯向他提供了容身之地,就位于雅典城门之下,俄狄浦斯将一直住在那里,直至生命的尽头。

忒修斯的死因与他的父亲如出一辙。

后来,忒修斯南征北战,长年不在雅典。在又一次返程之后,他发现自己的国家陷入了权力斗争中。为了保护儿子,忒修斯决定把他们送走(将他们藏起来,就像他小时候他父亲做的那样)。他和孩子们一起出发,但一场暴风雨将他们分开了,他被迫在属于莱科梅德斯国王的小岛登陆。

忒修斯想在岛上稍作休整,但莱科梅德斯对忒修斯早有耳闻,又见来者阵仗不凡,生怕自己王位不保。他担心忒修斯强占整座岛屿,便借口向忒修斯展示自己的国土,把他带上陡峭的悬崖。莱科梅德斯顺势将忒修斯推了下去。

○ **没有意识,但是有罪**

伊卡洛斯从高空坠下,死在父亲代达罗斯眼前。他死于父亲的过错。为什么呢?因为代达罗斯是个逍遥法外的凶手,他在20年前把自己的外甥从雅典卫城之巅推了下去(见第九章)。

埃勾斯也算是死在了自己儿子面前。他悲痛欲绝,从雅典卫城顶端一跃而下。为什么呢？因为他太爱自己的儿子，而他的儿子却在返程时忘记更换船帆的颜色。后来，并不觉得自己应为父亲之死负责的忒修斯同样死于坠崖。

我们已经看到，缺乏节制会导致死亡。在这些无节制的案例中，造成死亡的原因有两个，且相互对称：有人爱得过少，有人爱得过多。我们还应该加上第三个原因：他们会死，是因为他们与其他人的死有直接或间接的关系。无论他们是否觉得自己应该对此负责，事情都不会发生任何改变。在希腊人、诸神和英雄的世界里，并不存在真正的偶然性，也不存在命中注定。在自主选择、主动建立的关系之外，还有被动形成的联结，这种联结与主动建立的关系同样牢固。在这些无法自主选择的关系中，家庭创造了坚不可摧的关系纽带，无论我们是否愿意。

家庭关系首先通过客观条件建立起来：继承的规则、按社会关系建立起的事实上的联系，但主观条件对此亦有贡献。我们已经看到，在俄狄浦斯情结的作用下，儿子会把父亲看作理想的自我，会想变成父亲那样，全方位取代父亲。[1] 父亲成了模仿的对象。孩子甚至想在母亲身边取代父亲的位置。

反过来，弱势的父亲也可能对儿子产生身份认同，埃勾斯就是一个例子，这彻底颠倒了俄狄浦斯的故事。认同是情感依恋的主要机制，它创造了联结关系。

---

[1] 引自《群体心理学与自我的分析》。

第十四章

盗火的普罗米修斯：自我如何通过经验进步？

一个人的伟大表现在他决心超越自己的境遇。

——阿尔贝·加缪

普罗米修斯渴望变得无所不能。与西西弗斯一样，他想变得比神更强大，他觉得自己有能力欺骗神、戏弄神。即使面对宙斯，这些半神英雄也毫不退缩。对全能的幻想让这两个人一败涂地。普罗米修斯将受到严惩，从精神上来说，这与西西弗斯所受之刑相当接近。但普罗米修斯并不满足于全能，他还想要无限的爱。他毁于自己心中对人类的爱。为了让人类摆脱痛苦、走向文明、在各个方面获得启蒙，他将改造人类，但他创造出的生灵却逃离了他。

人类的诞生

彼时正处于世界历史的开端。普罗米修斯属于第三代神。

在历史的开篇，暴力统御世界。没有什么能约束暴力，它不受法律的管制，也不受掌权者与其臣民之间的差距制约。只有暴力和用来对抗暴力的暴力。只要暴力不被疏导，漫长的原始部落时代就会一直持续下去。那时，父亲会杀死儿子，反过来，躲过父亲杀戮的儿子又会杀死父亲。

经过激烈的斗争，克洛诺斯夺取了王座。只杀死父亲远远不够，因为他只是乌拉诺斯的次子，不是长子。克洛诺斯必须取代拥有继位权的哥哥。经过谈判，两人达成协议。只要克洛诺斯保证消灭自己所有的男性后代，哥哥就同意让位。

于是，每次有儿子出生，克洛诺斯就会把他吞下肚。其中一个被他的母亲救下了，她用石头替换了刚出生的婴孩。这个婴孩就是宙斯。

宙斯长大后推翻了自己的父亲，于是，克洛诺斯的儿子成了统治者，泰坦神则彻底远离了权力的宝座。

宙斯成了第一位成功平息纷争并恢复秩序的神。他逐渐让其他神承认了他至高无上的地位，并向对手泰坦神展示了自己的统治权。

泰坦神当然想与宙斯合作，但这并不意味着没有冲突。在泰坦神中，并非所有的兄弟都一模一样。普罗米修斯的性格就和他的兄弟截然相反。普罗米修斯是一位聪明而狡猾的泰坦神。他的名字暗示他"有先见之明"，能"洞察先机"。而他的兄弟厄庇墨透斯则对什么都心不在焉，什么都预料不到，他的名字也正说明他"后知后觉"。

普罗米修斯把时间耗费在弥补自己兄弟的过失上。

举个例子？

让我们回到那个古老的时代，世界正处于历史的开端，动物刚刚被创造出来，人类尚不存在。普罗米修斯决定创造人类。他用泥土塑出人形。

他为什么要创造人类？因为他发现当时世界上没有哪种生灵具有智慧，能够使用自然的力量驯服其他物种。它们都不会说话，不懂思考。于是，普罗米修斯按神的形象创造出人类（暗指雅典人将人类的塑造技艺归功于用泥土塑造出人类的普罗米修斯，锅具、炉灶的制造者和所有从事泥土相关工作的人都被称为"普罗米修斯"）。虽然人类是按照神的形象被创造出来的，但与神不同，人终有一死。

○ **最早的人类中没有女性**

起初，普罗米修斯造出的人类都是男性。由男性创作的希腊神话体现了他们的恐惧与欲望。对女性的恐惧，对女性力量的恐惧，对女性诱惑的恐惧，对女性生育能力的恐惧，这些是世界上分布得最广泛的东西，在大多数有关创造人类的故事文本中都有体现。

希腊的普罗米修斯神话与《圣经》故事颇为相似，这并不完全是巧合，因为两者诞生的地理位置相近。这种相似性甚至从《旧约》延续到了《新约》。由于自己的慷慨无私以及对人类所怀的无尽之爱，普罗米修斯遭到献祭，几乎被钉死在十字架上。

让我们回到起点，在《创世记》中，起初女性并不存在。

然而《创世记》告诉我们，一开始不光没有女性，也没有男性。第一个人，亚当，是雌雄同体的。夏娃被创造出来之后，亚当才成了男人。在被性别区分开之前，男性和女性共享人类的地位。正如雷吉斯·德布雷（Régis Debray）告诉我们的那样，性别的自相矛盾之处在于，它将自己区分开的事物又联系在了一起。[1]

欺骗神灵

普罗米修斯很快就出名了，因为他在裁决人与神的冲突时更偏袒人类，这场冲突围绕着被献祭的动物该如何在人类和神灵之间分配。他骗过了宙斯，将分配的天平大幅倾斜向凡人。

普罗米修斯变了个精彩的戏法。他将用于祭祀的巨牛分成两份：

---

[1] 引自《边界颂歌》(*Éloge des frontières*)，雷吉斯·德布雷著。

一份是牛的内脏和最肥美的肉块，用牛肚裹住，藏在剥下来的牛皮之下；另一份是体积庞大的牛骨，骨头上抹着一层厚厚的油脂，泛着光泽。普罗米修斯掩住自己的笑意，郑重其事地对宙斯说："高贵的宙斯，哦，最伟大的神，请遵从您的心意，在这两份食物中挑选一份吧。"宙斯大为惊讶，回答道："朋友，你快把我们宠坏了！你分的这两份也太不均匀了！"宙斯选择了分量较多、闪着油光的那一份。他扒开泛白的油脂，双手伸进食物中翻找，愤怒的神情渐渐显露在他的脸上。发现那堆食物中只有白骨之后，他更加生气，但自己已经做出了选择，不能反悔。上当受骗的宙斯决定施以可怕的报复。

○ 凡人皆肉身

希腊神话中，人类通常被称为"必有一死的生灵"，神则被称为"不死的生灵"，两者之间以饮食方式区分。自普罗米修斯做出分配后，在祭祀时，神仙就只享用食物轻盈而无形的芬芳气味，他们的饮食方式是完全抽象的，肉类的香气对他们而言已然足够。神没有肉身，他们无形，也因此不朽，只需要祭祀时的仙露琼浆和食物恣肆的香气。而人类正相反，他们大口吃肉，摄入有形的食物。从那时起，人类就有了沉重的肉身，需要通过饮食维持生存，因此他们会屠宰动物。他们彻底进入生死轮回，像被他们屠杀的动物一样终会死去。圣奥古斯丁曾用一种平淡的方式对此加以描述：我们由物质组成，是低级物质，诞生在尿液和粪便之间。

精神分析学将帮助我们理解这一点。

一无所有的物种

自普罗米修斯偏袒人类做出分配之后,他们兄弟两人担负起在世界万物间重新分配各项品质的任务。他们需要让每一种生物都具有一定的力量和弱点。

厄庇墨透斯负责分配。

厄庇墨透斯从一个大袋子里掏出别的神明托付给他的东西,一一分配给各个不同的物种。他把长长的牙和巨大的耳朵分给大象;把锋利的爪子和天使般的耐心留给老虎;把毒液和爬行的移动方式分配给蛇;把足以逃离危险的速度给了瞪羚;把御寒的皮毛和有限的领地给了熊;把直立睡觉的能力给了马,这使它遇到危险能立刻逃跑,但没有给它角;把坚硬的刺给了刺猬;把甲壳和缓慢的速度给了海龟;把螯夹给了螃蟹……

每一种生物都分到了吗?

袋子空空如也,厄庇墨透斯发现人类还什么都没分到。一无所有的人类,既没有用来抵御寒冷的皮毛,也没有能撕咬生肉的利齿,更没有面对野兽时足以自卫的速度和尖爪。由此可以看出,厄庇墨透斯做事果然没有什么计划,而他的哥哥必须弥补他的草率粗心。

○ **后来居上**

人类拥有的只有自己的智慧。

在希腊神话中,人类是物质资源最匮乏的生物,但普罗米修斯在创造他们的时候，赋予了他们其他生灵没有的特性：富有智慧、头脑敏捷、能够使用自然的力量。智慧不是物质实体，不能直接与皮毛、爪子、甲壳相提并论，因为它既是"更少"，也是"更多"。由于智力这件独特的"东西"，一无所有的人类得以在自然法则强加给他们的无情生存游戏中成为赢家。定义人类的"匮乏"反而表明它是成就人类的巨大机会。对人类而言，一无所有反而是件好事。

盗取火种

见到人类因自己兄弟的粗心而困窘交加，普罗米修斯赶来帮助他们。这是他第二次帮助人类。除了智慧之外，普罗米修斯还将赠予人类一种会是他们独有的工具。

这件工具不比智力，它是客观存在的，它就是火。火的出现将立刻弥补人类所有的弱点。有了这种效果堪比魔法的资源，人类可以取暖、烹煮食物、照亮黑暗、驱赶野兽……可是，该如何盗取火种呢？

普罗米修斯去见雅典娜。雅典娜想知道人类——这件普罗米修斯已经非常成功的作品是否还有提升空间，所以愿意尽一切所能帮助他本人。普罗米修斯提出，自己想环游天空的每个角落，以做出更好的选择。路过太阳神赫利俄斯的战车时，普罗米修斯趁机盗取了火种。他把火种藏在一根空心棒里，悄悄带给了人类。

他偷了众神自用的火。火能使智慧的力量增加10倍；在那之前，人类只是沉重的泥土，精神匮乏。他们拖着脚步，行动迟缓，是神灵衣衫褴褛的畜群。普罗米修斯将火光赠予他们。这下，人类就能从无法喂养自己、保护自己、温暖自己的忧虑中解脱，充分调动自己的智慧。无拘无束的人开始观察星星，注意季节变化，划分时间。他们开始懂得高深的科学，发明数字。他们能在地球上探索、旅行，制造战车和船只。人类有了理解能力，能未雨绸缪，感知未来。人类变得像普罗米修斯一样了（让我们回想一下他的名字：有先见之明的人）。

○ **一位反抗暴君的泰坦神**

普罗米修斯为人类的彻底解放开辟了道路。他赋予人类智慧，允许他们用智慧指导行动。人类从恐惧和束缚中解脱出来。从人物设定来看，普罗米修斯是"反暴君"的。我们应该如何解释普罗米修斯的行为？有两种可能：一种非常积极，但另一种更为关键。

这种人类解放的姿态首先是一种政治姿态。普罗米修斯是一位解放者，由于他的存在，人类才能过上自己的生活。普罗米修斯仿佛一位好父亲，会为尚且脆弱的孩子提供工具，帮助他们独立。普罗米修斯是慷慨的泰坦神，他解放了人类，使他们摆脱暴虐的大自然。他希望凡人的世界能从诸神的世界中受益。这是对神话的第一层解读，非常经典，也非常出名。

然而，一些精神分析学家几乎彻底推翻了这种解释。他们展示出一切保护中都包含的消极一面：我们只会保护那些被认为是低等、软弱、不成熟、无法真正自主控制的生命。这种保护可能会将对方终生封闭在接受援助的状态中。如果不加以控制，普罗米修斯将成为一位妨碍人类发展的神，因为他阻止人类创造自己的经验，阻止人类犯错，而这些经验和错误本身就富有教益。

普罗米修斯不属于人类，他属于高于人类的不朽种族。他与人类不同，而他想成为人类的庇护者。然而，没有人能从自己所处的位置上为他人谋求幸福。普罗米修斯把时间花在给人类增添东西上，他去了解人类的弱点，提前为他们解决困难，如同幼儿的父亲或婴儿的母亲。他不给人类积累自身经验的机会。

但是，这样是无法让人类成长的。"犯错是人之常情"，这句话表明，我们在错误中成长。保护欲过剩的父母无法帮助孩子建立起自我保护机制。

这种对神话的第二层解读更加重要。它还告诉我们，应该放手让儿童和所有想凭自己的羽翼翱翔的人独立生活，而且他们最终应该都能做到。想象一下，如果你有一位始终伴你左右的普罗米修斯，那么你的确不会在生活中经历任何创伤和打击，你会像巨婴一样度过一生。而如果我们任由普罗米修斯发挥，世界上甚至不会存在另一种性别。

女人，男人的惩罚

宙斯得知，因为普罗米修斯，人类得到了火种。

宙斯大发雷霆，他决定，必须向普罗米修斯施以与盗窃严重性相称的惩罚。这种惩罚是双重的：一方面针对人类，另一方面针对普罗米修斯。宙斯将按男人的意愿创造女人，一个"具有欺骗性质的礼物"。

宙斯命令手艺娴熟的赫菲斯托斯（罗马神话中的火神伏尔甘）用水揉捏泥土（更多的泥土！），赋予它人类的力量和声音，并"把它塑造成一位迷人的处女，与长生不老的女神们一样美丽"。这个女人注定要失去人性。

怎么做到呢？她很快被赋予了一切最讨人喜欢的属性和最吸引人的品质。不久，宙斯也会为她奉上自己的礼物。现在，宙斯召集所有神明为这个精致的生命献礼，他们纷纷把自己最好的东西送给了她，她被赋予了各种可能的品质。她被称为潘多拉，意为"所有的礼物"（就像"万神殿"表示"所有的神"，"大流行病"表示"传播广泛的疾病"一样），这个名字说明了一切。潘多拉已经得到了所有可能的礼物，那么，陷阱在哪里呢？宙斯补赠了一份厚礼。那是一个密封的盒子，宙斯向其中塞入了一切灾厄：痛苦、疾病、悲伤、绝望、衰老……

潘多拉被派往人间，带着那个盒子去见人类。

当然，普罗米修斯对此疑虑重重。他提醒他的兄弟："要小心对待诸神，特别是他们馈赠的礼物和他们派来的使节。不要接受神的任何东西。"

但厄庇墨透斯转眼就忘记了。他被潘多拉迷住，把她视为妻子。

很快，要么是意乱神迷的丈夫，要么是潘多拉本人（取决于不同的版本）要求对方把盒子打开：所有的灾厄都逃了出来。

○ **长大，就是离开天堂**

这个故事让人想起《圣经·创世记》中的"逐出伊甸园"。但这两个故事中哪个是原始版本？可能这两个文本毫无继承关系，它们或许都受到了来自印度吠陀时代的更古老文本的影响。"逐出伊甸园"讲述了人类来到了一个灾厄和痛苦、良善和快乐同样普遍存在的世界中。《旧约》告诉我们，正是自此之后，人的世界就变成了一片苦难之地。在普罗米修斯的神话中，人类的堕落也与性行为的出现相对应：成年以生殖器性行为为特征。在《圣经》和希腊神话中，凡人堕落的时代与女性的出现相对应。几个世纪以来，人们对故事的解读都相当大男子主义。

过去几十年来，精神分析学将目光拉远，拾起了审视故事的正确视角：女性不该对被"逐出伊甸园"负责，那是一种错觉。我们不应该把自己希望看见的与事实混为一谈。在现实中，人类的"堕落"产生于步入成年这种内部变化，其中就包括对女性存在的承认。在那之前，男性的视野中没有女性的存在，然而女性的确存在，却没有被男性看到。女性出现在成为"男人"的男性视野中，这一过程表现为对异性的寻求，也表现为对死亡的认识、对工作的需要以及其他很多东西，有好有坏。

长大成人，意味着离开天堂，进入一个性别分化的世界。人类的堕落不是因为女性，而是为了接触现实世界中的女性。这个世界不是天堂。

普罗米修斯受难

普罗米修斯受到了严厉的惩罚。奉宙斯之命，他被绑住，钉在高加索山脉的一座山峰上，绑他的锁链由赫菲斯托斯锻造。普罗米修斯"高挂在半空，被钉在这巨石上"。一只老鹰不停啄食他的肝脏，而他的肝脏则会反复重新长出来。受折磨的痛苦一次次复苏，普罗米修斯就这样被钉住受难，却又不停重生，人类最大的恩人做出了最大的牺牲。

然而，在宙斯的应允下，普罗米修斯最后得救了。故事有两个版本。一个版本称，赫拉克勒斯杀死了老鹰，宙斯为了实现他的心愿，让普罗米修斯获释；另一种说法是，宙斯出于对普罗米修斯的感激而释放了他。宙斯曾想与美丽的忒提斯结合，普罗米修斯向他透露，这位美人日后所生的孩子都会导致宙斯过早死亡。忒提斯将与佩琉斯结婚。

那场婚礼你是知道的：它掀起了一连串事端，最终挑起了特洛伊战争。如果你是按顺序阅读这本书的，那你已经了解了一切。

第十五章

奥德修斯智斗食人独眼巨人：言语的力量如何拯救我们？

在两个词语之中，选择不起眼的那一个。

——保罗·瓦莱里（Paul Valéry）

○ 言语是人类特有的

言语让我们说出真相，表达情感。我们用言语解释自己为何欢笑，为何哭泣。言语可以保护我们，也能被当作武器。

在接下来的故事中，言语变成了抵挡食人巨人利刃的盾牌。奥德修斯隐藏在言语背后，在对抗独眼巨人的战斗中，因为有言语的保护，他才活了下来。

人类诞生在言语的池沼中，幼儿在与非语言沟通相匹配的言语交流中成长。如果想在绝对的静默中养育一个小孩，那这对他的成长而言简直称得上犯罪。有则广告这么说："爱，每天都需要烹饪。"我们还应当补充一句："爱，每天都需要说出口。"爱存在于日常交谈中，存在于评判讨论中，存在于呢喃细语中。

可惜的是，我们本该注意到言语以及各种非严格意义上的功能性交流在孩子成长过程中发挥的重要作用。在孤儿院长大的孩子中，有两类孩子与他人差异明显：被成年人抱在怀里并对其说话的孩子和单纯只是被照料饮食起居的孩子。小孩子不是嗷嗷待哺的野鸟，生长环境远离言语的野孩子会退化得不再像"人"。

我们的身份在言语中织就。

有位哲学家曾经说，我们最喜欢的声音是所爱之人说出我们名字时的声音。为孩子取名是父母的个人投资，它应该提前表达出孩子从出生起就享有的全部依恋。

奥德修斯和想要吞噬他的独眼巨人之间的殊死搏斗，体现了言语和名字对我们生活的重要性。

食人巨人库克罗普斯

库克罗普斯是历史上第一代神的后代,是天神和地神之子。他们为赫菲斯托斯进行锻造工作。

他们为宙斯打造了闪电,并将宙斯视作庇护人。在神话中,他们代表地球上的火山,他们仅有的一只圆圆的眼睛象征火山口。据赫西俄德记载,他们名字中的"Cycl"意为"圆的",指他们有"一只圆形的眼睛"(你可以在"自行车",即"bicyclette"这个词中找到这个元素,自行车有两个圆形的轮子;"百科全书",即"encylopedie"指完整的知识之旅)。

波吕斐摩斯是独眼巨人中最高大但也最丑陋的一个。他若站在海里,浪花只能勉强达到他的腰际。他浑身上下长满了毛,嘴唇被浓密的胡须覆盖,硕大的脑袋上长满黑色的头发,悬在毛茸茸的肩膀上。布满皱纹的前额正中挂着一只圆眼,藏在浓密的赤褐色眉毛投下的阴影中,令扁塌的鼻子和下垂的双耳更加不显眼。

他的主要工作就是在河边放养他的畜群。他不仅食肉,还吃人。他在偏僻的路上等待路过的旅人,把他们引诱到自己的巢穴,趁旅人熟睡时割断他们的喉咙,吞掉他们仍在搏动的内脏。

特洛伊城陷落后,奥德修斯返回伊塔刻岛。由于受到女神阻挠,他一路上遇到了各种艰难险阻。一阵风暴把他和同伴卷到独眼巨人居住的小岛上。这座小岛位于西西里西海岸,埃特纳火山附近。

波吕斐摩斯把这群遇难者和自己的畜群一同关进洞穴。当晚,他就吃掉了奥德修斯的几个伙伴。

洞口被一块巨石堵住，一百个人都搬不动，奥德修斯知道自己无法靠蛮力逃出生天，只有杀死巨人才行。这就需要智取，而这恰恰也是奥德修斯最擅长的。

"陌生人，你叫什么名字？"

"我叫'没有人'，我是这些人的首领。我们刚刚结束了一场持续10年的战争。"

奥德修斯详细地向波吕斐摩斯讲述了特洛伊战争的故事，讲到围攻结束时已经很晚了。希腊英雄用言语让洞穴的主人沉醉了。最重要的是，在讲述希腊人的累累战绩时，奥德修斯还让波吕斐摩斯喝了许多酒。最后，波吕斐摩斯被灌醉，陷入沉睡。

波吕斐摩斯之前从未喝过酒，他才迷迷糊糊地对奥德修斯说会先吃掉奥德修斯的同伴，最后再吃掉他本人，就立刻打起了鼾。奥德修斯将一根柱子打磨锋利，又在火中淬炼它的尖端。在全部同伴的帮助下，他把柱子插进了巨人的眼睛。

波吕斐摩斯发出惨叫，整座洞穴震颤起来，惊醒了住在附近的其他巨人。

巨人们纷纷赶来。他们站在洞穴外，询问是谁让波吕斐摩斯在半夜发出如此可怕的叫声。

"'没有人'！"波吕斐摩斯向他们吼出答案。听到这个回答，巨人们四散离开，他们觉得波吕斐摩斯疯了。

然而，奥德修斯和他的同伴仍被困在巨大的洞穴中。

第二天清晨，奥德修斯知道巨人要出门放牧，于是把牲畜每三头为一组分开，每组都绑在一起。巨人放畜群出洞时，奥德修斯让同伴躲在羊的身下，紧紧抓住羊的肚子。

巨人打开洞穴，分开双腿，让羊群从腿间穿过。他伸出双手，检查通过的是不是羊。波吕斐摩斯没有料到人类竟有如此诡计。奥德修斯是最后一个出去的，那时只剩一只大公羊还没走。他使出全部力气牢牢抓住公羊的肚子。

洞穴空空如也。波吕斐摩斯封好洞口，摸索着走了出来。但他听见了希腊人欢呼雀跃的声音，他们已经回到了船上。

怒火中烧的巨人冲进大海，向他们扔了一块巨石，但无济于事。

看到儿子悲惨的遭遇，波吕斐摩斯的父亲海神波塞冬想报仇雪恨。他发动所有的风暴追击奥德修斯，企图溺死他。

○ **治愈的言语**

言语是最好的工具，也是最坏的工具。一方面，言语是武器，能伤害和激怒对方，能挑起仇恨和战争。另一方面，言语是爱抚，能安抚人心、表达关怀、倾诉爱意。

但语言也不只是工具。人在自我表达的时候，选用的词语往往带有自身的印记。我们将自己的言语浸润在自我之中，根据心境不同，为言语染上热情的红色或冰冷的蓝色。甚至在我们谈论遥远事物时，选用的词语也是在表达我们自己；我们谈论世界，也是在用每个人特有的言辞谈论自己。总之，我们在谈论别的事物时，一直是在谈论自己。而当我们谈论自己的时候，我们会表达两次，分别通过我们所说的内容和我们选用的词语。

精神分析疗法就建立在言语的丰富之上，它是通向自我的手段。

精神分析疗法的进步特别要归功于人们能够对诞生于可被叙述的梦境中的各种想法进行联想，还要归功于能被想起来的记忆和创伤，无论它们是"真实的"还是被重新整合后的。每个人都用词语来讲述，其重要性体现在结构完整的语句中，还体现在失误的语句中，它们都意蕴丰富。失误的语句是指我们可能会出现口误。我们需要仔细对待这些口误，因为其中充满真相。我们需要关注口误，因为话语是加深我们对亲密关系理解的独特捷径。

第十六章

安提戈涅的反叛：为何说情感与法律互不相容却也并肩同行？

需要认清，有些表面上的秩序其实是最糟糕的混乱。

——查尔斯·贝矶（Charles Péguy）

安提戈涅出生在一个受诅咒的家庭。她的父亲是历史上最著名的跛脚汉——俄狄浦斯。但她彻底扭转了家族的不幸,让自己成了正直的象征。她证明了格言"有其父必有其子"是不可靠的,也让我们能够发明新的格言:"父亲不正女儿直。"

命运并非天生注定,这是安提戈涅传达给我们的信息,她的名字正说明了这一点:"Antigone"意为"悖反自己的基因"("gonades"指生殖细胞)。安提戈涅高扬自己名字的旗帜,与一连串诅咒抗争,恢复了家族的荣誉。

被诅咒的家庭

安提戈涅身边是一对对受到诅咒的人:她的双亲,还有她的两位兄弟。安提戈涅是俄狄浦斯和伊俄卡斯忒的女儿,他俩未能逃过神谕揭示的诅咒,而她的两位兄弟,厄特克勒斯和波吕尼刻斯很快也会自相残杀。她的妹妹伊斯墨涅是一个谨小慎微的年轻姑娘,毫无主见、顺应时势,在暴君权力的更迭中偷生。

而安提戈涅踏上了自己的道路,没有向命运低头。她会抚慰父亲的痛苦,也会试图平息两个哥哥之间的战火。

有罪的不是她,但她认为自己应当为此负责,而她也因此殒命。

俄狄浦斯从底比斯城逃离。他双目失明,因为母亲自杀后,他用母亲衣服上的别针戳瞎了自己的双眼。他一路跋涉,走了近200千米,唯一陪在他身边的是女儿安提戈涅,她也是俄狄浦斯的亲信中唯一忠于他的人。她给予俄狄浦斯亲人之爱,那是俄狄浦斯在他本应享受亲情的日子里不曾享受过的,超越了一切生命,超越了一切罪孽。

安提戈涅成了父亲的向导，两人一直走到旅程的终点，即雅典城门之下。出于对悔罪之人的怜悯，宙斯用闪电击中了他，让他死去。那里成了俄狄浦斯的安息之地。

父亲死后，安提戈涅回到了底比斯。亲身经历过放逐痛苦的她还将遭遇更加悲惨的事情。

由于俄狄浦斯的儿子未到治国理政的年纪，克瑞翁暂时摄政。但兄弟二人最终罢黜了克瑞翁，同时为登上权力的宝座而相互斗争。

除了必须流血的暴力斗争，厄特克勒斯还想到了一个没那么愚蠢的办法。他提议两人分享权力，每年轮流执政。

两人达成协议，由厄特克勒斯先开始。

等待执政期间，波吕尼刻斯来到阿尔戈斯。他在那里住下了，还娶了国王阿德拉斯托斯的女儿为妻。一年后，波吕尼刻斯回到底比斯。一切都在变好，对吧？

当然不对，因为厄特克勒斯不愿意让位。

兄弟相争

毁约挑起了兄弟间的战争。波吕尼刻斯向岳父求援，阿德拉斯托斯借给他一支由七位勇将率领的军队。这就是七雄进攻底比斯的故事，埃斯库罗斯对此进行了相当精彩的描写。安提戈涅劝说厄特克勒斯打消手足相残的念头："想想你的承诺，把权力交还给你的兄弟，一年之后你就又会拥有它了。"

"没门儿!"

安提戈涅又去见波吕尼刻斯。波吕尼刻斯(Polyneíkes)的名字意为"多次胜利"("Nike"意为胜利,法国城市尼斯和著名品牌耐克的名字皆源于此)。

她同样遭到了冷眼相待。

只有死亡笑到了最后

两军对垒,战斗开始。双方打了一整天,没有哪方能彻底占上风。波吕尼刻斯从行伍中走出,提出与厄特克勒斯单独决斗。

决斗在全城百姓的注视下进行,除了一个人:安提戈涅。

突然,厄特克勒斯倒下了,波吕尼刻斯获得了胜利,他将永远拥有王座。他精疲力竭,却仍然举起双臂。他转身朝向自己的阵营,又以胜利者的姿态转向对方阵营。他不停地来回转身,而还剩最后一口气的厄特克勒斯趁机举起剑,凝聚全部力量,朝自己兄弟的后背刺去。

兄弟二人肩并肩地倒在一起。父亲所受的诅咒又在他们身上应验了。

负责过渡工作的克瑞翁必须再次接过王位,但他已经爱上了权力的滋味。他首先要做的是安抚民众,恢复城市的秩序。为了根除并永久性防范残酷的战争,他当即制定了一项法律,宣称谁再胆敢挑起这类事端,就将受到比死刑还残酷的惩罚。这条具有追溯效力的法律只有一项:攻打底比斯城的人永远不得下葬。这是希腊人能想到的最严厉的刑罚。你被判处永远在阴间游荡,不得休憩;你不再生活于尘世间,也不被冥界认可。你没有容身之处,你什么都不是。

保卫底比斯城的厄特克勒斯极尽哀荣。

攻打底比斯城的波吕尼刻斯不得下葬。他暴尸街头,野狗围着他打转,野兽和飞鸟竞相吞食他的躯体。

克瑞翁想以之为戒,这样就不会再有人敢进攻底比斯了。然而,安提戈涅知晓神的法则,她也无法容忍某个人被剥夺下葬的权利,更何况那个人还是她的哥哥。底比斯的律法只对人间事务有效,不能超越自身的管辖范围。安提戈涅认为,律法再强大也只能管控世俗世界,管不着死者世界,只有神灵才能决定灵魂的归处。

安提戈涅明白这一点,她是这么说的,也是这么做的。

这项法律在其颁布的那一天就遭到了违反,然而克瑞翁预料到了。他警告说,法律面前,家族或婚姻关系不算数,底比斯城高于家庭。所以,将克瑞翁和安提戈涅联系在一起的血缘关系不能阻止他惩罚违反法律的外甥女。

安提戈涅向克瑞翁答道:"我的心是用来爱的,不是用来恨的。"

安提戈涅做了她该做的事。她完成了哥哥的葬礼,吟唱安魂曲,向厄特克勒斯和波吕尼刻斯尽了生者该尽的义务。她对两位战士一视同仁,毫无偏颇。

爱情之死,而非死亡之爱

安提戈涅刚完成仪式,就被克瑞翁派来的两名士兵围住。他们抓捕了安提戈涅。

他们把安提戈涅带走了。安提戈涅阔步走向死亡。她被带往一个石穴，那里将是她的葬身之处。克瑞翁的命令不可收回，安提戈涅被判饿死在地牢里。

安提戈涅走进去前，最后看了一眼外面的世界。她不是一个麻木不仁、冷漠无情的人，她与他人之间的联系也不是仅仅出于亲缘关系或家族责任。

她在地牢里为自己的青春垂泪。她为还未体验过的幸福、爱情的欢愉、成为母亲的甜蜜痛苦而遗憾。与其说触动，不如说这位女英雄动了真情。这个年轻的女孩与克瑞翁的儿子海蒙情投意合，这段谨慎而隐秘的爱情将两人联系在一起。两个年轻人之间无瑕的爱情没有流露出丝毫，仿佛一丁点儿表白都会玷污安提戈涅的纯洁。

在被饿死之前，坚定赴死的安提戈涅就在石穴中自缢而亡了。海蒙在她的遗体旁拔剑自刎，唯有如此，才能体现出激情的力量。

追随安提戈涅自杀的儿子让摄政王克瑞翁的残暴得到了惩罚。

○ **献出生命**

反抗暴政的安提戈涅成了争取自由的永恒象征。几个世纪以来，这出悲剧在不同语言中被反复刻画、改写，并加以各种评论，让人们无法忽视它。它象征着人类在面对暴政时能够以自由之名奋起反抗，而权力只能承认暴君的法律已经被超越，向自由低头。

这些站起来的人表明，无论他们身处哪个等级，在社会上获得了何种成功，都有可能起身反抗。

这是对故事的第一层分析，十分经典，也很必要，因为这可以作为"超越"的基础。

○ **情景戏剧**

如果没有暴政，安提戈涅又会是谁？一个陷入爱情的年轻姑娘，即将与国王的儿子结婚，很快就会成为一位母亲，永远过着平凡的生活。

然而，希腊英雄会选择让自己拥有配得上崇高荣誉、名垂千古的一生，因此拒绝成为一个默默无闻的平凡百姓，因为那样死后留不下任何荣光，留不下任何记忆。在英雄般战死和远离争斗之间，阿喀琉斯做出了选择（他的母亲早已知道他会死在特洛伊城墙之下。为了免遭厄运，母亲把他送走，扮作女孩，藏匿了许多年）。是在世界的尽头永生不朽、摆脱生而为人应该承担的责任，还是度过终有一死的平凡一生，奥德修斯也在其中做出了自己的选择。安提戈涅走上了同样的道路：她选择了必有一死的人生，选择承担自我在生活中应尽的责任，而不是保护自己免受苦难，避过一切风险活下来。要向死而生。生命的局限性反而成就了生命。

精神分析学甚至认为，如果没有法律，欲望也不会存在。在第一层分析中，法律是消极有害的：它阻碍、设限、禁止。但是，对待法律也存在积极的看法，这种看法非但没有排斥第一层分析，还丰富了它的内涵。

禁止使我们进步，推动我们超越自我，迫使我们抛弃有限的舒适，去追逐更高、更远、更难以取得，但最终也会更具野心、更加丰富的欲望对象。暴政成就了安提戈涅。如果换一种环境，她可能只会是一位"正直的母亲"，只会像她的邻居一样面目模糊。内战不仅使她彰显出自己怀有的反抗力量，也让她意识到自己足以匹敌城中所有的男性。为了让安提戈涅萌发这种自我意识，光有坚韧的性格是不够的，还需要导火索。困境使该成长的人成长；没有挫折，一个人是长不大的。家长们都知道这一点，尽管他们仍都想为孩子创造一帆风顺的生活。

强迫安提戈涅沉默，反而让她发声；处死安提戈涅，反而让她不朽。欲望融于法律，生寓于死，没有死就没有生（也可以说，"不死之身从未活过"）。

第十七章
那喀索斯之死：为何爱人需要爱己？

我们在世间听闻的爱情并不是爱情，它是一种狂热的利己主义：我们是在另一个人身上爱自己。哦！多少金发少女相信自己被他人所爱，但她们都只不过是水面漾起的波纹。在那里，一个如刻菲索斯之子一般自负却不如他俊美的金发"那喀索斯"正满怀爱意地凝视自己。

——拉科代尔（Lacordaire）

○ **注意力偏航**

恋爱是指爱他人，而不是爱自己。一位德国医生于1899年发明了"自恋"一词，弗洛伊德用它来指代"一个人用对待性对象身体的方式对待自己的身体。为了从中获得性快感，他凝视自己的身体，爱抚它、拥抱它，直到欲望获得满足"[1]。

自恋是本该流向外部对象的力比多发生了偏航。当自我强大到能够捕获这种联结的力量，力比多就会被自我垄断，直接投注在个体内部。[2]

那喀索斯的故事是弗洛伊德在作品中反复引用的第二大神话。弗洛伊德给它起了一个普通的名字——"自恋"，但他也强调自己没有像发明"俄狄浦斯情结"一样创造新词。

没有回应的爱

"那喀索斯活不久，除非……"森林里，一位宁芙仙子惨遭玷污，几个月后，她生下了一个孩子，取名为那喀索斯。

男孩在单亲家庭中长大，母亲对他宠爱有加。

但家中缺少父亲这样一个能将孩子和母亲分离的角色。等孩子长到一定年纪，不会有父亲告诉他："孩子你快停下来，将你对母亲的爱投向他人。母亲温柔地爱着你，但能与她有肌肤之亲的只能是我！你应该把视线转移到别处。"

---

[1] 引自《论自恋：一篇导论》。
[2] 引自《自我与本我》。

○ **自恋**

起初，那喀索斯和其他孩子没什么不同。"人类最初的两个性欲对象分别是自己和照顾他的异性。"婴幼儿时期的自恋现象非常普遍，也没什么不正常。

神话中，孩子日渐长大，母亲开始担心那喀索斯的未来。也许这位母亲正像所有慈爱的父母那样，将她全部的自恋转移到了孩子身上。对绝大多数家长而言，他们的孩子是天才，具备一切可能的品质。此外，他们不想让自己的孩子遭受痛苦、疾病和他们经历过的失败。孩子成了王子或公主，将完成父母未能完成的梦想，实现父母未能实现的欲望。父母会把自恋转移给孩子，孩子被父母赋予了一种深层的自恋（在某些情况下，这份来自父母的馈赠会变得非常沉重）。

或许那位宁芙仙子自己就是这类神经质的女性，她们往往会成为保护欲极强又充满焦虑的母亲，将自己对爱的需求转移到自己抚养的孩子身上，这种行为有时甚至会使孩子性早熟。[1]

盲人先知

忒瑞西阿斯的占卜生涯始于这位前来向他求助的母亲，她想知道自己儿子的未来。忒瑞西阿斯告诉她，只有满足一个条件，那喀索斯才不会早夭。占卜师是这么说的："那喀索斯将寿终正寝，

---

[1] 引自《"文明的"性道德》。

只要他认不出自己,永远看不见自己。"这对这位母亲而言稍显隐晦。

彼时,镜子不像现在一样被广泛使用,也不是用玻璃做的,但想看见自己的确需要一面镜子。尽管如此,人们时不时还是能有其他机会窥得自己的容貌。

自这第一场咨询开始,忒瑞西阿斯就显露出自己的洞察力。那喀索斯果然没有活很久,不到20岁就去世了。

这仍是一出爱情悲剧,故事的结局你已知晓:那喀索斯以水为镜,看见了自己的样貌,结果溺死在水中。

○ **神话的循环**

精神分析学对神话的解读没有让它走向终点。无论我们如何解释神话,它依然充满力量,芬芳依旧,魅力不会受到任何折损,如梦境一般美妙。

如伊卡洛斯和忒修斯之死一样,我们同样能从那喀索斯之死中嗅到复仇的气息。代达罗斯目睹儿子在自己面前坠落,这与他20年前亲眼看着外甥死去毫无二致;忒修斯无意中杀死自己的父亲,而他自己也以同样的原因殒命。同样,那喀索斯死于命运的循环:儿子的死成了对母亲遭到的侵犯的报复。侵犯宁芙的是河神,所以从这场与水有关的暴行中诞生的那喀索斯注定会透过水面凝视自己,并因此丧命。河神父亲犯下的恶行最终因儿子死于水中而得到报应。

人不可能坐在自己的膝盖上

你知道故事的结局,但在那喀索斯沉溺于自我之爱之前,究竟发生了什么?又是什么引发了这名少年的溺亡?

那喀索斯是一位美少年,17岁时,森林里的宁芙仙子都为他倾倒。她们尝试追逐他、拥抱他。然而,仙子们一个接一个都遭到了拒绝。那喀索斯温柔的外表下藏着一颗坚硬的心,既羞涩又孤傲。

厄科(Echo,即"回声")是一位充满魅力的仙子,却也是那喀索斯的爱情受害者之一。她和其他上千位水边仙子、林间仙子、花园仙子一样,默默忍受着年轻的那喀索斯的无视。直到有一天,这位仙子恳求公正的神灵惩罚那喀索斯的冷酷。

"神啊!就让他有朝一日喜欢上永远不喜欢他的人吧!"

这个愿望将由厄洛斯亲自实现。他用了一种非常特别的方式。

你能解开下面这个谜题吗?有两个人惬意地坐在同一个房间里,一个对另一个说:"你随便在房间里找个地方坐下来,你要是有办法坐在我坐不下的地方,就算你赢。"所以,第二个人只要坐在第一个人的膝盖上就行了,因为任何人都不可能坐在自己的膝盖上。

那喀索斯陷入了同样的困境。

○ **爱的困境**

那喀索斯陷入了双重困境。

在第一重困境中,那喀索斯就像被罚坐在自己的膝盖上一样,需要做到不可能完成的事。其实,他是被罚爱上了一个无法接近的人,一个没有生命的幻象,一重倒影,一个没有厚度的生命幻景——他自己的形象,但也只是形象而已。作为第一重困境,这已经足够了。这正应了厄科的请求,让那喀索斯体会单恋的痛苦。

雅典娜和阿尔忒弥斯(狩猎女神狄安娜)都是单相思的赐予者。雅典娜曾被赫菲斯托斯暗中爱慕。由于海神波塞冬的糟糕玩笑,赫菲斯托斯甚至相信雅典娜不会拒绝与他调情。一天,雅典娜去赫菲斯托斯那里归还他为特洛伊战争锻造的武器,赫菲斯托斯转向雅典娜,紧紧抱住她,还试图亲吻她。雅典娜拒绝,结果事情演变成强暴未遂。雅典娜成功挣脱赫菲斯托斯的怀抱,但赫菲斯托斯分泌的体液溅到了女神的大腿和羊毛外套上。雅典娜脱下外套,把它扔在地上。大地女神盖亚收下了衣服,从中孕育出一个男孩,这就是雅典娜唯一的孩子!同样,那喀索斯被罚爱上了一个遥不可及的人,陷入一段不可能的爱情中。它可能会成为柏拉图式恋爱,一种虚幻的爱,即爱慕的一方仅靠凝视爱慕对象就能感到幸福,但希腊人其实不怎么热衷于这种爱情(柏拉图本人也是如此!)。

困境更深一重。

○ **删减的爱,假冒的爱**

那喀索斯注定爱上一个形象,而不是真实的客体。他偏爱替代品,这就是他的癖好。

这个无法触及的形象取代了爱的对象。"爱上自己"作为一种困境,阻止那喀索斯充分去爱。那喀索斯受到的惩罚不是爱上自己,而是爱上"形象"。作为爱的对象,他强加给自己的形象与他本人如此相近,却让他无法企及。

事实上，形象不近也不远，它是现实的另一种秩序：那喀索斯真正爱上的对象是二维的，可他却认为它是真实的。这是一种错觉。与其说那喀索斯爱自己，不如说他把自己的形象当作第三方，当作另一个人，当作令自己向往的理想。那喀索斯是历史上唯一陷入这种困境的人吗？他是在真实存在的完整维度上看见了自己爱慕的对象吗？我们能从爱慕对象的身上看到什么？

○ **爱的错觉**

一天，这个可怜的男人在泉水边寻求清凉。他凝视自己在水中的倒影，爱上了倒影的形象。

他在水面上看见了另一个自己，他理想的化身：

> 那喀索斯在欣赏的同时，自己也被欣赏着；
> 那喀索斯在欲望的同时，自己也被欲望着。
> 他有多少次想在这水波之下，
> 将自己的唇印在爱人的唇上！
> 他有多少次想向着水波张开双臂，
> 探入水波中徒劳地拥抱！
> 他不知道自己看见了什么，但他看见的让他燃起爱火。
> 眼睛的错觉早已深入灵魂。[1]

---

[1] 引自《变形记》，奥维德著。

○ **强烈的自私可以抵御疾病**

在精神生活中,我们为何需要走出自恋,将力比多转移到外在对象上?这种需求的起源是什么?是不是因为我们投入自己身上的能量超出了衡量标准?

一开始,弗洛伊德告诉我们:"强烈的自私可以抵御疾病。"但最终,为了不生病,人们反而必须去爱。[1]

爱情不止一种方向,我们可以选择爱自己或者爱他人。基于不同的生命阶段、生活环境、给成年生活造成持续影响的童年阶段,我们的选择也会有所差异。

首要的是,爱情的选择可以是自我导向的。自体性行为是性生活的一部分,始于童年期,而且终其一生也不一定会消失。我们每个人身上都有原始的自恋情结。在整个儿童时期,自我一直是力比多灌注的对象。但作为"力比多大型蓄水池"[2]的本我很快就会流淌到其他地方,也就是说,随着孩子逐渐长大,他的兴趣会转向他人。

从那时起,一个人对爱情的选择就会转向他人,而这又会造成两种结果:取向是异性或者同性。在生命之初,性别差异并没有起到决定性作用。弗洛伊德注意到,每个孩子都有轻微的同性倾向。[3]当爱情的选择转向外部,自体性行为就会趋于消失,但自恋未必会结束。

不幸的那喀索斯痴迷于理想中完美的爱情对象,他在这徒劳的

---

1 引自《论自恋:一篇导论》。
2 引自《自我与本我》。
3 引自《精神分析五讲》。

凝视中耗尽了自己的生命。很快，他浑身无力，瘫倒在草地上。他转身朝向附近的树林，双眼渐渐失焦，用几乎不可闻的声音乞求着。

唉！为何这也能成为他走向幸福路上不可逾越的障碍？这不过是流水上的轻盈倒影。

> 古怪的命运啊！一点儿水就将我们分开！
> 我在说什么啊！离放弃我的爱还早呢。
> 每一次我都会在水波上印下亲吻，
> 每一次他都会把唇送到我的唇边。
> 多么小的代价就能让我最终触摸到他！
> 一点儿小事就会对恋人的幸福造成伤害！

那喀索斯终于认识到这是自己的幻觉，他要求死亡。但是，他的死亡也将导致他爱慕对象死亡。众神怜悯他，把他变成了一朵花，以他的名字命名。这朵花长在水边，仍然弯向水面，凝视着自己的形象。

○ **倒影，重复**

那喀索斯彻底陷入重复之网：视觉上的重复和听觉上的重复。

自我的重复：那喀索斯被困于镜中，这是视觉上的重复。

他人的重复：爱他的人几乎无法帮助他，因为她自己也陷入了声音的重复。

她名叫厄科，疯狂地爱上了那喀索斯。

那喀索斯不喜欢重复他的女性，但爱上了重复他的男性，也就是他的倒影。

厄科是一位宁芙仙子，她是低一级的女神，生活在森林里、群山中、河流和大海里。

她的故事启发了那喀索斯。厄科走在那喀索斯之前，指引他踏上了一条自我封闭之路。

少女时期的厄科像其他宁芙一样追随赫拉。但自从有一次她协助宙斯引诱其他仙子之后，她就被赶走了。宙斯觊觎赫拉身边众多宁芙已久，不满足于只欣赏她们的美貌。厄科是这些宁芙中年纪最小的，其他的都比她大一些，但厄科成了宙斯的同谋。她主动找赫拉说话，和她聊了很久的天，好分散她的注意力，这样宙斯就能趁机和其他宁芙左拥右抱。

事情最终败露。赫拉狠狠地惩罚了帮助宙斯的厄科。厄科用什么背叛她，她就用什么作为回敬。厄科话太多？好的，我们马上就能看到，赫拉剥夺了她说话的部分能力，让她永远只能重复最后一个传进她耳朵里的音节。

可怜的厄科只能隐居深山，她就是在那里爱上了那喀索斯。无论那喀索斯到哪里她都追随，她跟着他打猎、去树林深处、去幽暗的洞穴、去清澈的泉水边。她在幽静之处重复男孩的话语，试图吸引他，但那喀索斯像往常一样不为所动，无视厄科的爱。厄科感到困惑且沮丧，她回到密林深处，把痛苦藏进了最偏僻的洞穴。

从此，这个不幸的女孩一天天凋零，再也不与其他仙子为伴。

仙子们努力寻找她隐居的地方，想把可怜的厄科带回她们中间，但一切都是徒劳，她们永远都找不到。大家只能听见厄科略带哀怨的声音在洞穴中、群山间、树林里和废墟中回荡，以一种陌生的魅力与和谐不断重复着人类声音的最后一个音节。

关键词 赫拉

赫拉是宙斯的姐妹，也是他的合法妻子（在创世初期，外族联姻是不可能的）。

尽管宙斯随意欺骗她，但赫拉一个情人都没有。希腊人将赫拉视为夫妻、女性的守护者，以及生育能力的保佑者。

她是性冷淡吗？当然不是。与雅典娜和阿尔忒弥斯不同，赫拉并不反对性生活。为了弄清究竟是男性还是女性能在性爱中获得最强烈的快感，她甚至与宙斯争吵起来。因为两人始终未能达成一致，他们决定去询问忒瑞西阿斯。忒瑞西阿斯有过两种性别体验，他回答说女性能体验到最强烈的快感。赫拉因为他泄露了这个秘密而使他失明，以作惩罚。20世纪初，弗洛伊德重申，如同希腊神话中一样，人类身上只存在一种力比多。彼时，维也纳文化抑制女性性欲，而弗洛伊德敢于思考，并重新确立了关于女性性爱和欲望的理念。哪怕在21世纪，这些理念也还远远未被所有人接受。

○ **厄科因为没有得到爱而自我贬低**

热恋中的爱者是卑微而服从的，会将爱慕对象理想化。以这种方式将自恋转移给爱慕对象，会导致自尊心贬损。如果这份爱得到了回应，爱者得到了爱，那么被释放了的力比多能量就能获得补偿：爱者会被提升到理想的层面！但若爱者付出的爱没有得到回应，他的自尊心就会受到严重影响。[1]

因此，个体对自尊的感受依附于自恋的力比多：在爱情生活中，不被爱会导致自尊心受损，而被爱则会使自尊心加强。

厄科或许是"自恋"的起源。奥维德在《变形记》中这样描述两人的第一次见面：一天，那喀索斯正在猎鹿，碰巧被厄科看见了，可是厄科无法发起对话。虽然与人交谈时她从来不知道如何保持安静，但她没法主动和人交流，只能重复她听到的音节。然而，她想用温柔的声音与那喀索斯交谈，所以开始甜蜜祈祷，但自然（她所受惩罚的本质）与她的愿望相悖，禁止其成真。突然间，森林里的那喀索斯与一起狩猎的同伴走散，变得孤身一人。

他叫道："附近有人吗？我在这里！"

"我在这里！"厄科答道。

那喀索斯吓得不敢妄动，四处张望。

"过来！"他大声喊道。

厄科只能重复他说的话："过来！"

那喀索斯转过身，一个人都没看见。

---

[1] 引自《论自恋：一篇导论》。

"你为什么躲着我?"

每说完一句话,他的耳畔就传来自己话语的回音。

对话就这样继续下去,那喀索斯被厄科的声音蒙蔽了,那其实正是他自己声音的回响。

那喀索斯说道:"我们团结起来吧。"

厄科应道:"团结起来吧。"

接着厄科出现在那喀索斯眼前。

那喀索斯逃走了,冷漠而坚决。

厄科所有的努力化作乌有。她的爱意被那喀索斯无视了。

○ **自恋情结被掩盖的一面:通过他人爱自己**

单恋那喀索斯无果,这令厄科备受折磨。她陷入的爱情困境与那喀索斯即将遭受的非常相近。受到(厄洛斯)惩罚的那喀索斯将沉湎在没有回应的爱情中,但他与厄科的相近之处不仅仅在于形式,即两人都陷入了令人痛苦不已的单相思。

我们不妨在此展开,试想一下,如果那喀索斯爱上了厄科,他爱上的也会是不断重复他自己的话语的厄科。他将享有鹦鹉学舌般的爱的宣言,并在厄科身上体会到"自恋"的感觉。厄科能提供给他的只有这类常见的对"自恋"的阐释,即爱上投射到他人身上的自我。也就是说,通过他人爱自己。

这种自恋不正是爱的一部分吗?事实上,它既不罕见,也没有害处。在爱情选择中,我们因渴望完美的自我而爱另一个人,这种情况并不少见。"我们借助这种转移,满足自己的自恋心理。"[1]

深陷热恋的人们面对完美的爱慕对象会自我贬低,甚至低声下气。我们的爱慕对象其实已经占据了我们理想中自我的全部位置,他就在我们自己身上。

自爱在沉睡,在缓慢地停止呼吸,唯一的药方就是让我们与另一个人相遇。那喀索斯(Narcisse)的名字源于希腊语单词"narkaô",意为"麻木"(我们也能在"narcotique",即"麻醉剂"中找到这个词缀)。

---

[1] 引自《精神分析引论》。

第十八章
坠入爱河的皮格马利翁：为何升华会被本我破坏？

我们不想生活在一个不会死于饥饿却会死于无聊的世界。

——拉乌尔·范内格姆（Raoul Vaneigem）

> 皮格马利翁是艺术上的极端分子。他只爱雕塑,全身心投入其中。他没有爱情生活,什么都比不过他对艺术的热爱。阿佛洛狄忒会治愈他这种为艺术而艺术的激情,这种排斥一切冲动和欲望的崇高升华,或者更确切地说,将教会他疏导欲望的方法,让他避免把自己的精力只向一处发泄。

对艺术的爱

皮格马利翁是塞浦路斯的雕塑家,以艺术造诣闻名于世。他决心孤独终老,原因众说纷纭。是为了全身心投入艺术创作?还是像神话的另一个版本中说的那样,是因为他对邻国为妓的女子感到厌恶,而那里甚至还为爱神建起了一座庙宇?

○ 精力的转移

有个笑话说,"文化"(culture)里带着"屁股"(cul)那点儿事,但这是否恰恰表明了文化可以疏导性欲?的确,有人说文化建立在对性欲的贬低上:文化的某些方面,比如科学、艺术和工业生产,不正是依赖于人类对自己动物性倾向的压抑吗?

在文化、艺术源源不断的创造力与个体充分的性满足之间,是否有一枚钟摆在来回摆动?我们必须在个体性满足和社会成就之间做出选择吗?

皮格马利翁的故事一开始,我们显然能看出,这位雕塑家在艺术上获得的成就与他对性生活的排斥紧密相连(无论从哪个版本的神话中都能看出这一点）。在最理想的情况下，我们可以说因为文化的发展仰赖力比多的转化，性能量被引导转化成能实现其他成就的能量。

因此，人类文明最崇高的成就源于这种升华，源于升华后的性本能丰富了精神。[1] 原始的能量被用来实现更高级的目标，文化受此滋养。转变性能量，引导它实现更崇高的目标，将使人类在各大领域取得杰出的成就。

情人的艺术

阿佛洛狄忒认为皮格马利翁的不屑是对自己神庙的侮辱。她意欲报复这种亵渎性的轻蔑。

皮格马利翁刚刚完成了一尊精美的象牙雕像，这件集优雅和美丽于一身的杰作从艺术家的凿子里走出。她被赋予了一个名字，皮格马利翁叫她伽拉忒亚。

阿佛洛狄忒让皮格马利翁疯狂地爱上了这座雕像。诗人亨利·穆杰（Henry Murger）描绘道：

> 在他面前女神赤身裸体，
> 圣洁美丽的身体散发光辉；
> 匠人见状跪下温柔地抚摩，

---

[1] 引自《精神分析五讲》。

冰冷的玉石突然有了生命。

爱神没有那么固执，面对不幸艺术家的祈祷，她点燃了冰冷雕像的生命之火。

伏尔泰对这一场景的描述非常有意思：

> 冰冷的形象最终有了生命，
> 呼吸、嗅闻、被爱火点燃，
> 展开双臂、动情、睁开眼睛，
> 先看到情人，接着才是光明。
> 看见他，就已经想取悦他。

皮格马利翁娶伽拉忒亚为妻。这场象征着艺术创造力对无生命物质的掌控的婚姻将结出果实，一个男孩不久就会诞生。

○ 一定量的直接性满足似乎必不可少

这句话出自弗洛伊德的一篇文章。[1] 弗洛伊德喜欢用下面这个故事说明，我们不应该在欲望的升华中走得太远。这是关于小城希尔达的一匹马的故事。这匹马健壮有力、骏美异常，是小城的骄傲。然而，马儿以上等的燕麦为食，饲养它的成本太过高昂。虽然可以理解，但小城拿不出那么多钱了。

---

1 引自《"文明的"性道德与现代人的神经症》。

该怎么办呢？人们决定，每天喂马时都少给它一点儿燕麦，这样它就能慢慢习惯少吃了。但当最后一口燕麦也被扣除时，这匹骏马已经被饿死了。

这个故事告诉我们：一定程度的升华没问题，但如果太过分，就会带来损害。同样，我们不能为了升华和促进文化发展就把性本能完全扼杀掉。

神话的结局与骏马的故事正相反。一开始雕塑家压抑了本能，而阿佛洛狄忒比弗洛伊德早几千年教会他不要做得太过分。皮格马利翁被引导着丰富自己的生命体验，而不仅仅聚焦于艺术。在艺术家的身份之外，他还成了丈夫和父亲。

冲动与升华之间不存在壕堑战，两者的对立并非无法缓和。我们应当从动态的角度理解本我和超我之间的张力。这两者之间的关系是作用力和反作用力之间的对抗，面对本我源源不断的能量，超我的任务是"不断遏制欲望的满足"[1]。

在弗洛伊德领导精神分析革命的同时，爱因斯坦等科学家也推动着物理学科的进步。弗洛伊德紧跟物理学方面的进展和突破，从热力学世界中汲取养分。为了解释性冲动不可能被完全升华的理论，他将此比作热能向机械能的转化：热能不可能百分之百转化成机械能。

○ **文化联结各代人**

现在，我们可以详细解释为何文化依赖压抑作用。文化依托前

---

[1] 引自《精神分析纲要》。

代人的压抑行为，人类的特征之一就是，我们都知道一点儿自己曾祖父的故事（动物却不行）。文化或口口相传，或以文字形式传承。所有文化都会将不同的几代人联结起来。今天出生的婴儿能够受益于前几代人的成就，这要感谢发生在过去的压抑。

人类用文化超越了达尔文发现的进化上的障碍，这是指一切后天习得的性格特征不会被遗传，对地球上的一切生物而言，这项法则都适用。自达尔文时代开始，我们就知道后天特征是无法传承的，但人类通过文化战胜了这种不可能。升华没有被人类世界抛弃，它将使我们的后代受益。

○ 再婚总比初婚好

皮格马利翁的故事并不只是颠覆了升华的概念，我们还能从中获得另一个教训。不妨思考一下，大理石雕像和真实的女性其实代表两种不同的女人：她们正是皮格马利翁先后娶的两任妻子。

花容月貌的伽拉忒亚冷若冰霜，她是皮格马利翁的第一任妻子。

她的冷淡从何而来？长久以来，受文化和文明的影响，女性一直被要求禁欲、矜持。这种压抑会对女性追求性快感的能力造成致命打击。"压抑往往非常过分，会带来糟糕的后果。性冲动一旦被释放，就会造成永久性损伤。"[1]

在皮格马利翁的故事中，他的解决之道是再婚。在故事的下半段，皮格马利翁与一位美丽而鲜活的女性结合了。他们过上了幸福

---

[1] 引自《"文明的"性道德》。

的生活。

在弗洛伊德看来,这个故事告诉我们,一旦夫妻生活中的压抑症状得到解决,一切都会向着好的方面发展。但这个过程需要时间,第一段婚姻甚至可能完全耗费于此,所以弗洛伊德告诉我们:"再婚总比初婚好。"[1]

○ 伴侣互为对方的"皮格马利翁"

最后,神话带给我们的社会学启示丰富了这个古老而简短的爱情故事的内涵。

在漫长的爱情和婚姻的历史中,皮格马利翁的故事出现了一个全新的问题,能被放在当代社会背景下探讨。

如今人们结合的基础与旧时代不同,崭新的两性共和国——自由、平等——是建立在爱情法则之上的。没有爱情,就没有婚姻。荒诞的事实可以证明,没有爱情,夫妻也会分开。离婚制度证明了爱情才是维系夫妻关系的法则。婚姻的调节机制变得如此清晰,也如此乏味。然而,若爱情成了维持夫妻关系的必要条件,它就不能再被看作充分条件。

此外,伴侣双方都应该成为对方的"皮格马利翁",帮助对方成长,或者至少一方能给另一方提供有助于其成长的条件。如今,若其中一方发现这段关系已经无法满足这个要求,爱情的火苗就会熄灭,伴侣也会分开。

---

[1] 引自《爱情心理学》。

○ **冲动、欲望、爱情**

并不是所有冲动都会受到压抑，在压抑之外，还有许多种可能。

我们已经注意到，在皮格马利翁故事的开头，冲动转向了更崇高的目标——升华。在故事的结尾，冲动得到了满足。而在上一章那喀索斯的故事里，力比多转向自我，形成了自恋。

冲动还可能被逆转：或从主动变为被动，或从施虐变为受虐，甚至可能从窥视癖变为暴露癖。

让我们以施虐和受虐为例。根据弗洛伊德最初的分析，受虐不过是一个人将施虐的冲动施加在自己身上的表现。[1] 这种情况也可能表现为爱恨之间的摇摆不定：当热恋转变为"恨恋"（拉康发明的词语，表示热恋受到冲击，转化成爱恨纠缠的复杂感情），最终会使热恋具有双重性。一方未经允许的离开会使对方的爱转变成恨。

---

1 引自《性学三论》。

第十九章
眼盲的忒瑞西阿斯能看得更远：为何暴力并非男性特质？

真正的道德是对道德的嘲笑。

——布莱士·帕斯卡（Blaise Pascal），《思想录》（*Pensées*）

人们常说男人来自火星，女人来自金星，但人类的角色并不是一直按其动物属性或社会属性分配的。柔情蜜意非女性独有，暴力也并未被男性垄断。精神分析学已经表明了一个人背负的过去对他性格的影响有多大。就个体命运而言，男人和女人有着共通的优点和缺点。我们的行为更多受到童年生活轨迹的影响，包括社会学上的影响和家族传承的影响，而非由难以改变的天性决定。因此，暴力并非男性专属，希腊神话中的诸位男神、女神就是明证。

人无法生为先知，这需要日后成为

最初，忒瑞西阿斯没有失明，但他看到的东西太多了，不仅能看见别人可以看见的东西，还能看见别人看不见的东西。这就引发了一些不幸的后果。神话给出了多种说法解释他失明的原因，然而无论在哪个版本的神话中，忒瑞西阿斯都不光能看到人类无法看见的事物，还能预见人类无权知晓的事情。

在两个版本的故事中，向他施暴的人都是女性。

希腊神祇生活的世界比我们惯常想象中的要复杂得多。那是一个大男子主义的世界，在这种氛围中，女性本该脆弱又宽厚，除了仁慈和温柔之外没有任何能力。但我们会看见，她们其实也有使用暴力的能力。

阿尔忒弥斯，暴烈的处子神

仅着寸缕的女神被既非她情人也非她丈夫的男性撞见，这一场景在希腊神话中多次出现。

忒瑞西阿斯偶然撞见正在沐浴的雅典娜，这是一种场景重现，原型是阿尔忒弥斯洗澡时受到了阿克泰翁的惊吓。这是一种至少没那么暴力的还原（阿尔忒弥斯即普桑画作中的狩猎女神狄安娜）。

阿尔忒弥斯虽与雅典娜同为处子神，但她们的性格迥然不同。阿尔忒弥斯生性好战，完善的防护装备可以保护自己不受到任何损伤。她幽居在森林里，不与任何异性来往，陪伴在她左右的是一群宁芙仙子。

阿尔忒弥斯更衣沐浴时需要特别警惕，宁芙仙子通常会守护着她。她们会筑起一道人墙，保证阿尔忒弥斯的裸体不被任何男性的视线侵犯，哪怕只是看一眼都不行。

一天，阿尔忒弥斯正在洗澡，身边如往常般戒备森严。她没意识到自己可能会被别人看见。此时，阿克泰翁正带着五十只猎狗在附近猎鹿。他看见了阿尔忒弥斯在河水中的倒影，这一幕甚至让他心潮澎湃、不能自已。阿尔忒弥斯非常愤怒。

报复旋即而来，阿克泰翁立刻就会迎接死亡。阿尔忒弥斯当场就把这个偷窥者变成了一只鹿。阿克泰翁先是头上长出了角，接着整体都变成了鹿。他那些凶猛的猎犬冲了过来，它们正等着将主人捕获的鹿撕成碎片，却没能认出眼前的猎物正是主人本人。阿克泰翁就这样殒命了。

沐浴时受惊的雅典娜

雅典娜没有阿尔忒弥斯那么残忍。面对看到自己裸体的人，她显得更宽宏大量，虽然手段也相当可怕。

使雅典娜在沐浴时受惊的人正是忒瑞西阿斯。他看见雅典娜赤身裸体在泉水中沐浴，一个侍女陪在她身边。雅典娜厌恶这种偷窥行为，便遮住忒瑞西阿斯的双眼，这样他就看不见了。雅典娜用手遮挡了忒瑞西阿斯的视线，但她拿开手之后，忒瑞西阿斯还是什么都看不见。他从此成了一个盲人。

忒瑞西阿斯的母亲祈求女神还她儿子光明。

虽然雅典娜有时会暴怒，但这次终究是理智占了上风。只不过，神已实施的指令无法通过效果相反的指令抵消（见第二十章卡珊德拉的故事）。

雅典娜试图弥补自己给忒瑞西阿斯造成的终身残疾。是的，他现在看不见别人能看见的东西，却被补偿能看见别人无法看见的东西。这似乎更好了，他能看见未来，这是视力再好的普通人也无法做到的。忒瑞西阿斯会在很多故事中出现，扮演与德尔斐神谕同等地位的角色。

忒瑞西阿斯还在其他方面得到了补偿。他不仅成了地球上最聪慧的先知，他的听觉也变得极其发达，甚至能听懂鸟类的语言。最后，雅典娜赐予他一根欧亚山茱萸做的拐杖，这根拐杖能让他走得比失明前还要稳健。忒瑞西阿斯活了很久很久，他的寿命相当于普通人七世轮回的总长。即便死后来到地狱，他也没有丧失先知的能力，这让他深受冥王尊重。

女性愉悦的秘密

另一个版本的神话这样讲述忒瑞西阿斯的遭遇。

忒瑞西阿斯居住在底比斯,此地与雅典和科林斯同为希腊最大的城邦。他不喜人烟,常去偏僻的山间小道上漫步,因为在远离尘嚣的地方他可以沉下心来思考。

有一次,他在路上看见两条正在交配的巨蛇,就捡起木棍将它们分开。是因为他不慎杀死了雌蛇,所以触怒了神灵吗?总之,他立刻被变成一个女人。自此,他以女性的身份生活多年,也以女性的身份有了性体验。

但他依然享受在山间独自散步的快乐,如此过了7年。一天,他散步时在同一地点又遇到了两条蛇,他再次将它们分开。随后,他恢复到自己最初的性别,重新变回男性。

所以,忒瑞西阿斯是唯一有过两种性别体验的人。

宙斯和赫拉想知道男女哪一方才能在性经历中体会到最强烈的快感,两人为此争执不下。究竟是男人还是女人呢?宙斯认为在性爱中能获得更多愉悦的是女人,而赫拉竭力否认这一点。她不想让宙斯知道答案,否则她那四处留情的丈夫就更有理由慷慨地给各位被征服者带去快乐了。

忒瑞西阿斯是裁夺争论的最佳人选,于是宙斯夫妇就把他召唤来。

"请告诉我们男女双方谁能感受到最强烈的愉悦,毕竟你最了解。"

忒瑞西阿斯立刻答道，是女人，而且两者之间差距很大，愉悦比例差不多是9∶1。赫拉见秘密被泄露，非常生气，因为这下自己的丈夫就更有理由欺瞒她，还会比以往更过分。愤怒的赫拉转向忒瑞西阿斯，把他变成了一个瞎子。窘迫的宙斯想要弥补妻子的行为，就赐予忒瑞西阿斯先知的能力，还有其他你已经知晓的超能力。

第二十章

卡珊德拉和阿波罗：为何压抑的方式不能是沉默？

爱情和鲜花只能绽放一个春天。

——彼埃尔·德·龙沙（Pierre de Ronsard），《颂歌集》（Odes）

没人听卡珊德拉说话。人们认为她疯了，让她闭嘴。
然而，她对未来的预言都是真的。她的名字流传千古，最终进入我们的日常用语，用来指代那些能够准确预测未来却不被他人信任的人。

罪魁祸首还是受害者？

卡珊德拉出生于特洛伊王室，是国王普利阿摩斯和他第二任妻子赫卡柏所生的十三个女儿之一。她是帕里斯的妹妹、阿波罗的女祭司，美貌动人，就连阿波罗也无法抵挡她的魅力，这为日后的不幸埋下了种子。为得到她的钟情，阿波罗许诺卡珊德拉，只要她肯委身于自己，便能实现她一个心愿。卡珊德拉想成为能够预知未来的女先知，尽管这非同小可，阿波罗还是同意了。

神话中，关于造成卡珊德拉不幸命运的原因有两种说法。

一种称卡珊德拉欺骗了阿波罗，另一种则认为她是被神所害。

根据第一种说法，卡珊德拉是罪魁祸首。她想让阿波罗明白"答应"只是"答应"。当阿波罗赋予她预知的能力后，她却拒绝委身于他。尽管神无法撤回他的赠予，但阿波罗很快报了仇："我们分开吧，我不想再见到你了。在我们彻底分别前，请吻我一下。"卡珊德拉不敢拒绝，阿波罗利用这个吻，以唾液润湿了卡珊德拉的唇。他用唾液给卡珊德拉下了诅咒，让女祭司的先知能力变得毫无用处：她的确可以预知未来，却没人会相信她。阿波罗把她变成了众人眼中的疯子。后来，特洛伊战争期间，人们不想听见卡珊德拉的"胡言乱语",便把她囚禁在城中的塔楼里。就算她说的都是真的,就算她的预言每一次都能应验,也没有人听信她。

另一种说法中,卡珊德拉纯粹是个受害者。阿波罗与她同床共寝,最后却厌倦了她,心生去意。离开之前,他想出了一个办法,让人们不会相信卡珊德拉对未来的预言:将她变成世人眼中的疯子。

○ **无意识与压抑**

无意识是作用力和反作用力较量的结果。之所以有无意识,是因为存在一股力量,阻止本我向有意识转化。心理上的结构图是不断变化的,"一开始,只有本我"[1]。

我们可以用结构图表现一个人的心理现实,以及本我和超我之间的交错重叠,但必须先对这种空间描述加以限定。心理不是一幢有楼层的建筑,本我、自我和超我也不是其中的稳定居民。其实,暂时抛开这种空间视角会很有意思。换个角度,以动态视角进行分析,我们将更接近现实。"本我和自我之间没有明确的间隔,特别是在本我内部,自我和本我往往彼此交融。"[2]

属于无意识的部分存在于本我之中,但它不像油箱底部的油,不是因惰性而存在于那里的非意识部分。它需要一股力量将复现表象驱回无意识领域,并阻止其成为意识,这种力量正是压抑。成年人的无意识受压抑过程不断提供动力。压抑不会消解,只会隐藏起来。它能使原本要成为意识的东西回归无意识,但受到压抑的部分

---

[1] 引自《精神分析纲要》。1920 年之前,弗洛伊德在大部分文章中都将无意识混同于压抑,后来才对二者进行了区分。
[2] 引自《自我和本我》。

会一直存在，而且之后还会试图再次出现。它们没有被驱赶到心理大厦的某一层，终生软禁起来。

让我们再去看看卡珊德拉。她不傻，也说话，但没有人相信她。阿波罗对卡珊德拉的先知能力施加了一种抵抗作用，让她说的话注定不被人相信。没有人会听她说话。

在神话和精神分析学之间穿梭不应该导致时空错乱，希腊人没有发明精神分析学，卡珊德拉的故事自有其逻辑，但这个故事隐喻了游荡在无意识中的那些未被听见、未被接受、遭到压抑的话语。

严格来说，无意识应该是受压抑的思想的栖身之所，但无意识并非全部由受压抑的思想构成。

○ 心理的层级

一切遭到压抑的都是无意识的，但反过来说并不完全成立。不是所有的无意识都遭到了压抑吗？那么，我们应该如何称呼那些能够毫无障碍地从无意识向有意识转变的思想呢？弗洛伊德把不受任何抵抗、轻易就能从潜伏状态进入意识状态的思想称为"前意识"，为的是将"无意识"一词留给受到压抑作用的部分。

意识呈现的是自我的某种外在，是自我的一部分，与外部世界相连。弗洛伊德在他晚期的作品中写道："不，意识不是心理活动的本质。"他仿佛觉得，有必要把从研究生涯开始就反复强调的话重申到底（同时还谦虚地称，自己不是第一个这么说、这么写的人）[1]：在精神活动中发生的事情，远比意识知道、了解得多。

---

[1] 引自《精神分析纲要》。

结论:"这本书究竟有何用处?"

理性是训练的智慧,而想象力则是创造的智慧。

——维克多·雨果

逾越的快乐

如今，在我们看来，神话世界似乎毫无规矩可言，那里鲜有理性和智慧，是一个与人类社会完全相悖的世界：有手足相残，比如安提戈涅两位争权夺势的哥哥；有能被立即满足的欲望，比如宙斯掳走美丽的欧罗巴，以便肆意挑逗她；有暴力又迷人的英雄，比如敏感的阿喀琉斯被激怒后躲回自己的营地里生闷气，即便这会导致自己那方一败涂地；有永恒的爱情故事，也有命中注定的复仇故事（无论主角是男是女），比如阿伽门农不忠的妻子死于自己的孩子之手；有像孩子一样随心所欲行使无上权力的诸神，比如宙斯的妻子赫拉出于嫉妒，执着地追捕赫拉克勒斯，想像砸碎一件玩具一样将这个自己丈夫与凡人所生的孩子消灭掉；有与神对抗的半人半神英雄，比如遭到妒意乍起的赫拉追杀的赫拉克勒斯；还有血泪交织的命运，比如发生在俄狄浦斯身上的故事。

神话往往由离经叛道的故事拼凑而成。道德受到挑战、不屑与嘲弄。

为什么要研究这些故事呢？我们自身的存在与所有这些疯狂的行为有什么共同点？精神分析学填补了此间的空白：病态，连同它表现出的夸张和扭曲给了我们启发，通过对这些现象的思考，我们得以发现正常状态下被简化的表象。[1]

这种思考有助于我们加深对正常状态的理解，它也以同样的方

---

[1] 较早出现的痴呆症和偏执行为将帮助我们了解自我的心理。引自《论自恋：一篇导论》。

式帮助我们分析神话、解析梦境。"精神分析学是一种能促使自我逐渐超越本我的工具。"[1] 弗洛伊德架起的这座桥梁之上从此人头攒动,川流不息。

弗洛伊德为这门学科开拓了广阔的领域,如今,它不仅触及媒体,也影响着大众生活。当代的我们最关心的问题就是个人的幸福。书店里,有关个人成长的书种类繁多,最受关注。马尔罗曾断言,21世纪是宗教的世纪,而与此同时,另一种说法也逐渐成为事实:21世纪会是心理学的世纪。

倘若弗洛伊德出生在今天,他会如何看待自己?他很可能会琢磨自己在百年前发明的术语:如果当年的弗洛伊德没有发明精神分析学,那如今的他也得把它发明出来。过去笼罩着维也纳的禁忌早已被打破,但确切地说,弗洛伊德在审视自我的时候会更加清醒且更具批判意识。

他会如何看待俄狄浦斯的故事呢?就是那个对母亲充满欲望的孩子。弗洛伊德会将这个故事带入自己的家庭。他的父亲在二婚时选择的年轻妻子,年纪和丈夫的长子差不多大。这如何能让人不联想到有关他对如此年轻的母亲怀有欲念的假说呢?

而俄狄浦斯在女儿安提戈涅的搀扶下被流放的故事,会让弗洛伊德看到自己在女儿安娜的陪伴下,于1938年离开维也纳的场景。大约1年之后,他就在伦敦死去了。

弗洛伊德做了大量公开的自我剖析。他敢于暴露自我,敢于呈

---

[1] 引自《自我与本我》。

现给我们私人的、不体面的梦境。哪怕是在今天，他的文字依然振聋发聩。它值得被研究，因为它揭示了我们为何而活，也启发了我们对盲目的认识。盲人忒瑞西阿斯看到了我们没能看到的东西，即在无意识的状态下引导我们的力量。

如果说精神分析学想要告诉我们什么的话，那一定是我们没有意识到与自己相关的全部"问题"，我们的行为也并不完全自由。我们没有意识到"他处"正在策划什么，是什么在指引我们。希腊人的世界和精神分析学的世界都用各自的方式说明了这一点。在希腊世界中，引导我们行为的"他处"位于尘世之上，发生在人间的特洛伊战争其实就是诸神之间的战斗，人类不过是被最高秩序操纵的玩偶。而在精神分析学的世界中，"他处"位于自我深处的无意识领域。被我们压抑和拒绝的部分深刻地影响着我们的行为。"在心理上区分意识和无意识是精神分析学的基石。"[1]

我们不知道是什么在引导着我们，我们认为自己是自由的。我们自认为我们做出的行动、取得的胜利和遭受的失败都只归功于我们的力量和弱点，有时还归功于偶然。然而，我们往往是被自己不曾觉察的力量引导着，成为受它操纵的玩物。这股力量应当被我们知晓。这样一来，我们就不会任由它操纵了。

---

[1] 引自《自我与本我》。

致谢

如果没有达尼埃尔·德·伊帕拉吉雷（Daniele de Yparraguirre），就不可能有这本书，因为这本书的诞生源自她的想法，而我需要做的是实现这个想法。对书中有关精神分析学的内容，在很大程度上要感谢苏菲·布劳恩（Sophie Braun）的耐心建议和仔细校对，如果在这方面仍有任何失误，显然都是我自己造成的。

我想再次感谢达尼埃尔和苏菲。

资料来源

关于神话的内容，皮埃尔·拉鲁斯在 19 世纪末出版了一部辞典，几乎涵盖了希腊神话的全部内容，而且所有的历史爱好者都能查阅它。

关于精神分析学的内容，本书引用的弗洛伊德作品很容易找到：

Abrégé de psychanalyse, trad. A. Berman, PUF, 1975.

Cinq leçons sur la psychanalyse, trad. Y. Le Lay et S. Jankélévitch, Payot, 1979.

Délire et rêve dans la « Gradiva » de Jensen, trad. Marie Bonaparte, Éditions Gallimard, 1982.

Introduction à la psychanalyse, trad. S. Jankélévitch, 1970.

Les Essais de psychanalyse *regroupent : Au-delà du prin-cipe de plaisir ; Psychologie collective et analyse du moi ; le moi et le ça ; Considérations actuelles sur la guerre*, trad.S. Jankélévitch, Éditions Payot, 1976.

La Vie sexuelle, PUF, 1968, inclut Pour introduire le narcissisme, trad. J. Laplanche.